石油和化工行业"十四五"规划教材

食品溯源
原理与技术

陶 菲 潘家荣 唐 琼 主编

周 菲 杨慧娟 杨芸芸 曹广添 副主编

U0367331

化学工业出版社

·北京·

内容简介

食品溯源是农业与食品标准化和食品质量与安全专业的学生必修课程，是食品标准（标准执行与编制）和食品质检特色课程群的重要组成。本书以食品全程溯源为主线，介绍了食品溯源相关的原理、技术、构建和实施范例。全书共六章，主要介绍食品溯源的定义、原理、技术、国内外标准法规和召回；食品溯源系统的设计，数据库的构建及溯源系统的建立及相关的范例。

本书可作为高等院校食品科学、农业与食品标准化食品（农产品）加工与贮藏、食品（农产品）质量与安全等专业师生的教材，可为食品安全监督管理部门和食品生产企业建立食品溯源体系、完善食品追溯机制提供咨询和指导，供相关科研单位和技术人员参考。

图书在版编目（CIP）数据

食品溯源：原理与技术 / 陶菲，潘家荣，唐琼主编.
北京：化学工业出版社，2025. 2. --（石油和化工行业
"十四五"规划教材）. -- ISBN 978-7-122-46735-5

Ⅰ. TS207.3

中国国家版本馆 CIP 数据核字第 2024XP1992 号

责任编辑：赵玉清　　　　　　　文字编辑：周　偶
责任校对：宋　玮　　　　　　　装帧设计：关　飞

出版发行：化学工业出版社
　　　　　（北京市东城区青年湖南街 13 号　邮政编码 100011）
印　　装：河北延风印务有限公司
787mm×1092mm　1/16　印张 12¼　字数 350 千字
2025 年 3 月北京第 1 版第 1 次印刷

购书咨询：010-64518888　　　　售后服务：010-64518899
网　　址：http://www.cip.com.cn
凡购买本书，如有缺损质量问题，本社销售中心负责调换。

定　　价：49.80 元　　　　　　　版权所有　违者必究

前言

随着全球化和食品供应链的日益复杂，食品安全问题已成为全球关注的重大议题。作为保障食品安全的重要手段，食品溯源技术应运而生，食品安全溯源根据现代食品安全发展的需要、以单一食品包装为研究对象、以追踪为目的，是基于信息学与食品科学融合的一门技术科学。食品溯源技术是现代食品管理的一个重要组成部分。

食品溯源课程是现代食品科学课程体系的重要内容。编者在广泛调研后发现，当前市场上针对食品溯源的教材资源相对匮乏，国内相关书籍数量有限，大约仅有 5～6 本，且每本书籍的侧重点各异，难以全面覆盖食品溯源领域的所有关键要素。鉴于上述现状，本书系统介绍了食品溯源原理、溯源技术、溯源法规标准和溯源体系构建。同时，采用最新的 Visual Studio 2022 平台构建溯源系统模型，并配套习题集与丰富的数字化教学资源，极大地增强了其教学实用性与互动性。本书旨在填补当前市场上缺乏一本综合覆盖食品溯源原理、多样化技术实现路径及系统构建策略的全面教材的空白，为食品科学与工程、食品安全管理等相关专业的学生及从业者提供参考与指导。

本书内容具有以下特点：

① 系统性：全面梳理了食品溯源技术的原理、技术和应用，构建了完整的知识体系；

② 前沿性：紧跟技术发展潮流，介绍了最新的研究成果和技术应用案例；

③ 实用性：通过具体案例分析，提供了可借鉴的实践经验，便于读者理解和应用；

④ 科学性：由多位在食品溯源领域具有丰富经验和深厚造诣的专家共同编写，确保了内容的准确性和科学性。

建议读者按照章节顺序阅读，逐步深入了解食品溯源技术的各个方面。在阅读过程中，结合实际工作和学习经验，思考如何将所学知识应用于实践中。关注食品溯源技术的最新发展动态，不断更新自己的知识体系。

本书的编写过程历经三年，由多位来自不同领域的专家共同参与。在编写过程中，我们广泛收集资料、深入调研、反复讨论，力求确保内容的准确性和科学性。同时，我们还邀请了多位业内专家对书稿进行审订，提出了宝贵的意见和建议，使得本书更加完善。本书编写情况如下：全书共 6 章，第一章由周菲、陶菲编写，第二章由陶菲、唐琼编写，第三章由杨芸芸、刘华编写，第四章由杨慧娟、曹广添编写，第五章由唐琼、潘家荣、张艳、潘虹编写，第六章由潘家荣、唐琼、肖朝耿、郑蔚然编写。

在此，我们衷心感谢所有参与本书编写和审订工作的专家、学者和工作人员。感谢他们的辛勤付出和无私奉献，使得本书得以顺利出版。同时，我们也感谢广大读者对本书的关注和支持，希望本书能够为大家带来帮助和启示。

作者

2024 年 8 月

于中国计量大学日月湖畔

目录

第四章　食品召回   093

第五章　食品溯源系统构建   107

第六章　不同种类食品全程溯源系统的建立   149

第一章
食品溯源

 本章导读

　　食品溯源，是指在食品产供销的各个环节（包括种植养殖、生产、流通以及销售与餐饮服务等）中，食品质量安全及其相关信息能够被顺向追踪（生产源头—消费终端）或者逆向回溯（消费终端—生产源头），从而使食品的整个生产经营活动始终处于有效监控之中。食品溯源体系的建立有赖于物联网相关的信息技术，具体是通过开发出食品溯源专用的各类硬件设备应用于参与市场的各方并且进行联网互动，对众多的异构信息进行转换、融合和挖掘，实现食品安全追溯信息管理，完成食品供应、流通、消费等诸多环节的信息采集、记录与交换。该体系能够理清职责，明晰管理主体和被管理主体各自的责任，并能有效处置不符合安全标准的食品，从而保障食品质量安全。

 学习目标

1. 了解并理解食品溯源的定义。
2. 了解食品溯源的分类并掌握每类的应用范围。
3. 熟悉食品溯源的发展历史和机遇挑战。

1.1 概述

食品安全问题的形成一方面取决于食品供应链的生产、流通、环境及消费等诸多方面；另一方面取决于食品体系的复杂化、国际化和多元化等特性。食品供应链的链条越长、环节越多、范围越广，食品风险发生的概率就会越大。随着食品工业的发展和市场范围的扩大，越来越多的食品通过漫长而复杂的食品供应链到达消费者手中。由于加工过程经常会使食品原料改变性状，因此在许多情况下很难由成品辨认出原料；而且大批量的标准化商品难免出现瑕疵；并且多层次的加工和流通往往涉及不同地点和由不同技术的食品供应链组成，消费者通常很难了解食品生产加工经营的全过程。在食品风险及其对消费者健康的影响逐渐增加的趋势下，如何满足消费者对食品安全卫生和营养健康的需求，如何实现食品溯源，已经成为食品安全管理体系中亟待解决的一项重要问题。

溯源，又称为"可追溯性""溯源性"，来自术语"traceability/product tracing"。《质量管理体系——基础和术语》（ISO9000）定义为："追溯所考虑对象的历史、应用情况或所处场所的能力。"本质上，溯源是信息记录和定位跟踪系统。在 20 世纪 90 年代，食品安全问题频发。随着全球范围对食品质量安全管理的日益重视，2002 年，法国等部分欧盟国家在国际食品法典委员会（CAC）生物技术食品政府间特别工作组会议上提出一种旨在加强食品安全信息传递、控制食源性疾病危害和保障消费者利益的食品安全信息管理体系——食品可追溯体系。食品可追溯体系是一种以风险管理为基础的安全保障体系，一旦发生危害消费者健康的食品安全问题，可按照食品供应链可追溯体系所记载的信息追踪食品流向、定位危害来源、回收缺陷食品，尽可能杜绝缺陷食品对人体健康的危害。

为保证食品安全，欧盟、美国等发达国家均要求食品生产必须做到可追溯，并要求进口食品必须能够追踪和溯源。如欧盟在《通用食品法》（EC178/2002）中明确要求对所有食品及饲料产品实行强制性溯源管理；美国的食品可追溯要求也贯穿于各个食品法规中，并在2002 年《公共安全与生物恐怖应对法案》中进行强化，通过建立《企业注册制度》《预申报制度》《记录建立与保持制度》等强调溯源，并建立了高效有序的食品召回制度；日本近年来一直推行"食品身份证"制度，其实质就是食品溯源制度；英国、德国、加拿大、韩国等国家，也先后开展了食品溯源工作。

中国政府也在加大食品质量安全管理力度，关注食品溯源体系建设。例如，北京市商委制定的"可追溯制度"，明确要求食品经营者购进和销售食品要有明细台账，以便于追查供货源头；苏果超市有限公司建立的超市食品安全信息查询系统，为消费者提供了一个能够追溯到产品源头的服务平台；从 2005 年起，四川省开始运用计算机对生猪饲养进行全过程监控，实施生猪可追溯养殖，采用先进的技术，为一万头生猪安装动物电子标签，并将其称为"金卡猪"，实现生猪供应链透视化管理，建立起了生猪产业链"信息库"。

1.2　食品溯源的定义

目前，关于"溯源"有多种定义。《国际食物法典》中采用"追溯、产品追查"的说法，在美国则简单地称为"记录保存"，还有一种则称为"追溯源头"。国际标准中提及溯源问题，认为溯源是质量管理系统中的一个重要组成部分，并定义为回溯目标对象的历史、应用或位置的能力。在食品安全管理领域，ISO8042标准将溯源的概念定义为："通过登记的识别码，对商品或行为的历史和使用或位置予以追踪的能力。"

虽然食品溯源还没有形成一个统一的、权威的定义，但是食品溯源已经成为食品安全管理的一个术语，正在得到广泛的关注和运用。在欧盟《通用食品法》（EC178/2002）中，其界定的食品溯源为食品、畜产品、饲料及其原料在生产、加工以及流通等环节所具备的跟踪、追溯其痕迹的能力。溯源信息包括从农产品初级加工到最终消费者整个过程的信息追踪，逆向来讲，即从最终消费者一直可追溯到初级农产品加工过程所用饲料、兽药等信息。简而言之，食品溯源是指在食品供应链的各个环节（包括生产、加工、配送以及销售等）中，食品及其相关信息能够被追踪和溯源，使食品的整个生产经营活动处于有效的监控之中。根据食品溯源概念构建的食品可追溯体系是食品安全管理的一项重要措施，也是食品供应链全程监管和控制的有效技术手段。在食品供应链中实施可追溯体系，可以有效地减少或防范食品供应链风险的发生。

美国学者 Elise Golan 认为，溯源是指在整个加工过程或食品供应链体系中跟踪某产品或产品特性的记录体系，并根据食品溯源体系自身特性的差异设定了衡量溯源体系的三个标准：宽度（breadth）、深度（depth）、精确度（precision）。宽度指系统所包含的信息范围；深度指可以向前或向后溯源信息的距离；精确度指可以确定问题源头或产品某种特性的能力。由衡量食品溯源体系的三个标准，构成了食品溯源的三维结构（图1-1）。

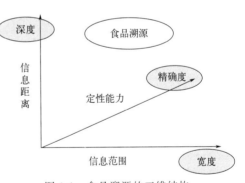

图 1-1　食品溯源的三维结构

由食品溯源的定义可知，要提高整个食品供应链的溯源能力，需要建立食品供应链成员之间的紧密联合，在食品供应链流程设计时应用标准化的信息标识技术，如一维条形码、二维条形码、RFID等，使每一个食品供应链成员的每一个环节都能知道食品的来源和去向，一旦出现食品质量安全问题，能及时了解问题的来源和缺陷食品的分布情况，快速有效地控制污染源和召回缺陷食品。食品溯源不仅提供了食品在食品供应链的种植（养殖）、加工、分销、零售等环节中产品的性质、原产地和质量等信息，而且提供了快速、有效的产品召回能力。因此，食品溯源体系至少具有三方面能力：①可以通过食品供应链成员的每一个环节进行食品溯源；②提供食品配方组分；③掌握食品供应链成员的每一个环节的食品质量安全信息。

1.3　食品溯源的分类

在现代社会，建立健全食品溯源体系已经成为食品供应链成员、消费者和政府的共同要求，并成为全球食品安全管理的发展趋势。虽然食品溯

图 1-2　食品溯源的六个基本要素

源的定义存在多种形式，但是这并不影响人们对食品溯源基本要素的理解、掌握和运用。在农业和食物链溯源系统（agricultural and food chain traceability system）中，食品溯源主要包含产品溯源（product traceability）、过程溯源（process traceability）、基因溯源（genetic traceability）、投入溯源（input traceability）、疾病和害虫溯源（disease and pest traceability）、测量溯源（measurement traceability）六个基本要素（图 1-2），另外，还包括原产地溯源和污染物溯源等。

1.3.1　产品溯源

产品溯源是指通过溯源，确定食品在供应链中的位置，便于后续管理、实施食品召回以及向消费者或有关利益干系人告知信息。从产品溯源的角度来讲，食品溯源体系可以认为是把食品设计成从来源到销售的任何一个环节中能迅速召回的可识别和可追踪产品的记录体系。术语"食品追踪（food tracking）"和"食品追溯（food tracing）"在可追溯的内容上意义不同。

食品追踪是指从食品供应链的上游至下游，跟随一个特定的单元或一批食品经过每一个食品供应链成员运行轨迹的能力。从上游往下游进行追踪，即从生产基地→加工企业→配送企业→零售企业→消费者，这种方法主要用于了解食品的流向，确定食品的最终形态和消费者群体的分布状态（图 1-3）。

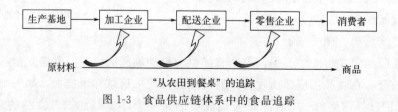

图 1-3　食品供应链体系中的食品追踪

食品溯源是指从食品供应链下游至上游，识别一个特定的单元或一批食品来源的能力，即通过记录标识的方法回溯某个食品来历、用途和位置的能力。从下游往上游进行溯源，也就是消费者发现购买食品存在质量安全问题，可以向上一层一层地进行追溯，最终确定问题所在。这种方法主要用于食品召回中，用于查找产生质量安全问题的原因，确定食品的原产地和特征（图 1-4）。

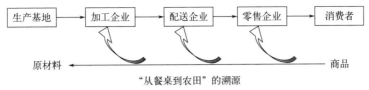

图 1-4　食品供应链体系中的食品溯源

一旦发现某一批次的产品存在问题，就可以根据各环节所记载的信息，沿着食品供应链逆流而上查找出现问题的环节，并快速、准确地召回缺陷食品，从而降低食品安全危害。在食品溯源体系中，至关重要的是确定详细的产品规格、批次或批量规模。批次规模可以按照生产或运行的时间、按照量或者有效期来确定。一般情况下，追溯某个产品或小批量产品的详细信息会增加追溯系统的成本；针对大批量产品进行追溯可以降低成本，但是会增加风险，一旦出现食品质量安全问题，将会有更多的产品受到牵连。因此，在批量规模决策时应综合考虑追溯成本和风险之间的关系。

食品溯源建立在信息平台基础上，借助食品质量安全溯源系统，食品供应链成员能够及时了解食品质量安全信息，溯源速度快、透明度高，一旦出现食品质量安全问题，能够迅速查询到问题的源头。由图 1-5 可知，在食品供应链中以精确、快速的方式检索溯源数据具有至关重要的意义，需要在整个食品供应链中对接收、生产、包装、储存和运输等各个环节建立无缝链接，并进行有效管理才能实现。如果有一个食品供应链成

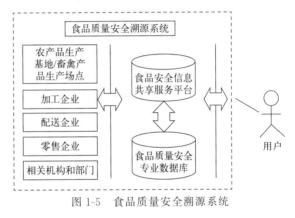

图 1-5　食品质量安全溯源系统

员未能进行有效的管理，则会造成信息的中断和溯源能力的丧失。因此，食品质量安全溯源管理只有在食品供应链成员的共同努力下才能实现。

在食品质量安全溯源系统中，信息标识和产品标签是实现食品溯源的关键。食品质量信息包括产品成分（或营养成分）与定义、保存条件、运输要求、生产方法、生产处理过程、生产日期和保质期、生产批次和批量等；食品的物理信息包括重量、形态等；有害物质的信息包括微生物含量、农药和药物及激素残留量等。可根据不同的产品、不同的产品价值和信息量来选择不同的信息标识技术。在食品溯源体系中可使用的信息标识技术，主要有一维条形码、二维条形码和电子标签码（磁条信息标签和无线射频识别等），其中电子标签可读可写。

1.3.2　过程溯源

相对于产品溯源，过程溯源更加关心食品在食品供应链中的流动过程。通过过程溯源，可以确定在食物生长和加工过程中影响食品质量安全的行为/活动，包括产品之间的相互作用、环境因子向食物或食品中的迁移以及食品中的污染情况等。

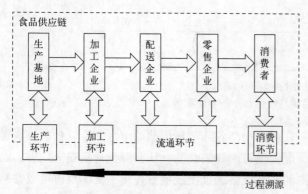

图1-6   食品供应链体系中的过程溯源

食品质量安全贯穿于整个食品供应链体系（图1-6），有可能是在供应过程中受到外界污染或食品组织损伤等而引发食品危害，也有可能是消费者食用方法不当或自身体质问题，如消费者属于敏感性人群。因此，对食品质量安全问题产生原因与机制的研究，应该从分析现代食品供应与需求的特性出发，利用食品溯源系统，对消费者获得产品之前的各个环节以及消费食品的全过程中所出现的情况进行追踪和溯源。这也是过程溯源的内涵。

（1）生产环节

自然环境条件（土壤、水和大气）的污染导致食品受到不同程度的污染，特别是有些污染物可以通过食物链的生物富集作用使食品中的污染浓度远远高于环境浓度，如汞、镉等重金属在鱼虾等水产品中的含量可以达到其生存环境浓度的数百倍以上。一旦人类食用这些被污染的食品，将立即产生危害甚至存在生命危险。

（2）加工环节

食品加工环节的污染主要来自两方面：一是加工环境卫生的影响。食品供应链成员内部加工设备、设施运行状况，以及HACCP等管理规范执行情况不良等原因，使食品在加工过程中出现污染。二是加工添加材料的影响。原料来源不明而存在安全隐患，以及添加剂、包装材料及防腐剂的滥用而导致的食品化学性污染。

（3）流通环节

随着食品贸易全球化的发展，以及农业和食品工业一体化发展进程的加快，对连接食品生产与销售的流通方式提出了更高的要求。一方面，长距离运输、大范围销售以及多渠道多环节流通使食品所处的外部环境，如温度、湿度、卫生状况等诸多条件的变化日益复杂，从而使食品遭受微生物与有害物质污染的可能性增大；另一方面，食品和饲料的异地生产、销售形式为食源性疾病的传播流行创造了条件。因此，如何有效地运用冷藏链技术、保鲜技术等来降低流通环节的风险，成为食品安全管理中的一个重要研究领域。

（4）消费环节

随着食品供应链复杂性的加剧，食品生产与消费之间的时空距离也逐步加大，从而使食品质量安全信息出现不对称现象。消费环节产生信息不对称的原因主要有三个方面：一是食品具有信任品属性，食品质量安全信息作为内在品质不易被消费者发觉；二是由于利益和成本原因，食品供应链上游成员有意隐瞒信息或难以完整准确地揭示食品质量安全信息；三是消费者自身获取信息能力有限等。

综上所述，食品所具有的质量特性和食品供应链的日益复杂化，使食品供应链"从农田到餐桌"的任何一个环节都有可能引发食品质量安全问题。过程溯源体系的建立，能够在食品供应链的每一个环节将与食品质量安全有关的有价值的信息保存下来，以备消费者和食品检测部门查询，有效地实现了食品信任品特性信息的传递，以及快速有效地处置食品安全事件。

1.3.3　基因溯源

通过溯源确定食品产品的基因构成，包括转基因食品的基因源及类型，以及农作物的品种等，从而推动 DNA 鉴定技术和生物标签技术等识别技术在基因溯源管理体系中的应用和发展。

由于转基因生物、转基因食品等对人类健康是否存在危险尚未明确，因而消费者有权知道自己所购买、食用的物品是否含有转基因成分，并选择是否购买、食用含有转基因成分的物质。因此，一些国家通过生物标签技术的形式对转基因食品进行基因溯源，使消费者能够了解转基因食品的基因源及类型，从而放心食用。此外，通过基因溯源，消费者还可以了解农作物的品种。

目前，世界各国在转基因农产品标签管理方面采取了不同的措施，基本上可以分为以下三种模式。

（1）美国模式

美国采用以产品为基础的管理模式，即转基因生物与非转基因生物没有本质的区别，监控管理的对象应是生物技术产品，而不是生物技术本身。因此，美国没有为转基因生物单独制定法规，但在原有《联邦植物病虫害法》的基础上，增加了重组 DNA 技术及遗传工程技术的内容。美国是对转基因安全研究最多的国家，也是全球转基因生物审批最宽松的国家。转基因食品不需要上市前的批准，采取自愿咨询的程序。同时规定，转基因食品只有与常规食品显著不同时，如存在过敏反应的可能性时，才必须贴标签标出。2023 年，美国有 74.4 万公顷的土地种植转基因作物，其种植面积占全球转基因作物总面积的 36%，其中转基因抗除草剂大豆占美国大豆总面积的 96%，抗虫棉占棉田总面积的 90% 以上，转基因玉米占玉米总面积的 90%。美国已成为世界上转基因作物种植最多的国家。

（2）欧盟模式

欧盟采用的是以工艺工程为基础的管理模式。由于重组 DNA 技术具有的潜在危险性，所以不论是何种基因，只要是通过重组 DNA 技术获得的转基因生物，都要接受安全评价和监控。为此，欧盟建立了相应的管理条例和指令及相关的生物技术标准。这一系列法规不仅针对转基因及其产品，而且针对研制技术与过程，总体控制比较严格。近年来，欧盟制定了强硬的新保护措施，用来减少转基因作物和产品可能的危害。这些措施包括：隔离和追踪转基因谷物和食品从农田到零售店的过程，以防污染；在食品加工的每一环节都标明"转基因"，以保证透明性；生产转基因种子和其他转基因作物的公司必须进行独立测试，并实行更为严格的测试要求。

（3）日本模式

日本采取介于美国和欧盟之间既不宽松也不严厉的管理模式，由日本科学技术厅、农林水产省和厚生省共同管理。农林水产省按照《农、林、渔及食品工业应用重组 DNA 准则》，负责管理转基因生物在农业、林业、渔业和食品工业中的应用，包括在本地栽培的转基因生物，或进口的可在自然环境中繁殖的这类生物体，以及用于制造饲料产品和食品的转基因生物。该准则也适用于在国外开发的转基因生物。由于日本依赖进口食品较多，因此，转基因生物及其产品的管理成为日本食品安全管理的重点。对于国外进入日本的转基因食品的饲料，厚生省要重新进行安全性评价。目前允许上市的转基因农产品共有 23 种，主要有来自美国的转基因大豆和加拿大的转基因油菜。

其他国家的转基因产品标识制度分为"自愿标识"和"强制性标识"两种，欧盟国家与我国一样，在食品基因追溯方面所采用的标签制度属于强制标签制度，要求特定转基因食品必须进行明确标识。2002 年，中国农业部发布了《农业转基因生物安全评价管理办法》《农业转基因生物进口安全管理办法》和《农业转基因生物标识管理办法》，从 2002 年 3 月 20日起，含有转基因成分的农作物及其衍生产品（如大豆、番茄、棉花、玉米、油菜等）在加工和销售时必须标明"转基因"成分。2017 年修订后《农业转基因生物标识管理办法》第三条："在中华人民共和国境内销售列入农业转基因生物标识目录的农业转基因生物，必须遵守本办法。凡是列入标识管理目录并用于销售的农业转基因生物，应当进行标识；未标识和不按规定标识的，不得进口或销售。"

但在欧盟国家，相关产品中转基因成分的含量只有高于 0.9％这一阈值时才需标识。在日本这一阈值被定为 5％。我国制定的转基因成分检测标准远低于日本、欧盟等国家或地区转基因成分标识的阈值，在标识管理上，我国是世界上最严格的国家。尽管已有基本的标识框架，但在进口食品的标识管理和执法力度上仍需加强。跨国公司在中国销售的产品标识不如在欧盟严格，同时标签内容的透明度和具体性也有待提升。

1）中国转基因生物强制标识制度对于进口的转基因产品无能为力。许多国际大型跨国公司，诸如卡夫、雀巢、联合利华等公司进入中国市场的产品并未加注转基因标签，而同样的情况绝不会在欧盟国家发生。因为欧盟具有一套严格可行的转基因生物标识制度和强而有力的执法体系。

2）在有关的转基因标识制度中应当明确规定标签标识的内容，如转基因成分的来源、不同于传统食品的地方（成分、营养价值、效果等）、使用后可能发生的问题等。如果该食品有特定销售范围要求的，还应载明销售范围。在注明转基因食品的同时，还要标注转基因食品的含量，从而真正体现基因溯源的意义。

1.3.4　投入溯源

通过溯源，确定种植和养殖过程中投入物质的种类及来源，包括配料、化学喷洒剂、灌溉水源、家畜饲料、保存食物所使用的添加剂等。

尽管中国农药产品已经改变了三个"70％"（即杀虫剂占总产量的 70％，有机磷类占杀虫剂总产量的 70％以上，高毒有机磷农药品种占有机磷杀虫剂总产量的 70％）的不合理格局，但是蔬菜食品中的农药残留以及重金属污染仍然是主要问题。从中国的食品安全现状来看，农药残留、兽药残留和重金属污染问题，不仅涉及人类健康，而且已经成为中国农产品出口的重要障碍，在一定程度上影响了中国农业经济的发展。

因此，当务之急就是要通过投入溯源来确定种植和养殖过程中投入物质的种类及来源，尤其是化学喷洒剂及家畜饲料等，只有这样才能更好地解决农药残留、兽药残留和重金属污染问题。同时，通过与食品溯源的其他基本要素相结合，例如测量溯源及疾病和害虫溯源等，可以更为精准地测定农药残留是否超标、被检测食品是否遭受重金属污染，抑或是其他需要解决的食品污染问题。

1.3.5　疾病和害虫溯源

通过溯源，追溯病害的流行病学资料、生物危害（包括细菌、病毒和其他污染食品的致病菌）以及摄取的其他来自农业生产原料的生物产品。

随着科学技术的进步，可以利用多种食品微生物安全检测方法进行疾病和害虫的溯源，从而追溯病害的流行病学资料等。同时，为了应对快速、准确的食品微生物安全检测方法的需求，还出现了一些食品安全检测的新方法与新技术，包括快速生化检测方法、免疫学技术、代谢学技术、传感器技术、流式细胞术、聚合酶链反应（polymerase chain reaction，PCR）技术、基因探针技术、生物芯片技术等，这些方法和技术必将在未来的疾病和害虫溯源中发挥巨大的作用。

食品安全是一个重要的全球性公共卫生问题。推广和应用先进的食品安全控制技术，可有效消除食品中的危险因素，预防和控制食源性疾病的发生。食品中各类微生物检测方法各自表现出很多的优点，但也存在着相应的不足，需要国内外研究者不断地改进和完善现有的检测技术。例如，传统的增殖培养、生化试验、血清学试验检验虽然准确性好，但所需时间长；免疫学方法快速、灵敏度高，但容易出现假阳性、假阴性；VITEK（全自动细菌生化分析仪）、VIDAS（全自动免疫分析仪）等虽然快速准确、通量大，但只能鉴定到属，仅适用于初筛，而且费用很高；基因芯片、蛋白质芯片准确度高、通量大，但制作费用太高，不利于普及。因此，建立更灵敏、更有效、更可靠、更简便的微生物检测技术既是保证食品安全的迫切需求，也是食品微生物检测技术的发展趋势。同时，多种检测技术以及各学科的交叉发展也有望于解决疾病和害虫溯源中所出现的各种问题。

1.3.6　测量溯源

测量溯源的内涵即是通过溯源，检测食品、环境因子以及食品生产经营者的健康状况，获取相关信息资料。

食品制造以及食品加工所在地的环境因子具有综合性和可调剂性，它包括生物有机体以外所有的环境要素。将现代检测技术引入食品溯源体系，对食品的环境因子、食品生产经营者的健康状况等进行测量溯源，同时积极开展食品有害残留的检测和控制研究，对保证食品安全、维护公共卫生安全、保护人类健康都有重要的意义。

实现食品污染测量溯源的最具代表性的技术是电子标签。将食品制造以及食品加工所在地的环境因子、影响食品运输过程中的环境变化因素和食品生产经营者的健康状况等信息输入到电子标签中，消费者可以在购买到产品之后，对食品加工的环境因子以及其他信息进行查询，而有关部门也会对相应的指标和信息进行检测。

需要说明的是，食品安全检测很小的失误可能导致错误决策。解决食品安全领域的重要科技问题，重点在于加强基础研究以及不断提高食品安全检测结果的质量和有效性。实现食品安全检测有效性的重要措施之一，就是努力实现检测结果向国际单位制（SI单位）或公认单位制的溯源。由此构建的食品安全检测溯源体系，才具有充分的价值来测定环境因子和食品生产经营者的健康状况等因素。

经济全球化带来的科学与环境问题，越来越需要复杂且高品质的测量以及各国都能相互接受的测量数据。为此，全球检测科技资源需要相互协调，在保证各国、各地区纵向测量溯源性的基础上，努力实现测量的横向可比性，形成一个具有测量和标准相统一的技术平台，支撑全球化经济与社会的发展。这是一个全球化测量溯源体系建立的过程。全球化测量溯源体系的技术内容，主要包括以 SI 单位为基础开展测量活动，实现测量溯源性，建立从用户到国家计量实验室之间的纵向溯源以及各国计量实验室间、校准/检测实验室间在不同测量等级上的横向联系。按照《测量不确定度表示指南》进行测量不确定度的评定，包括对测量过程建立模型和对不确定度分量的估算。参加国际计量委员会（CIPM）的关键比对，以取得国家标准间的等效度。

建立一个全球化测量溯源体系，必须首先开展计量标准的比对，并取得等效度。相互承认协议（Mutual Recognition Arrangement，MRA）是国际计量界应对全球污染溯源系统对环境因子等因素进行测量的产物。MRA 实施的主要技术工作是关键量比对，目的是为建立各国计量标准的等效度提供技术依据，前提是各国计量机构使其开展的测量与测量不确定度建立在国际单位制（SI 单位）基础之上。食品安全测量溯源体系技术模型如图 1-7 所示。

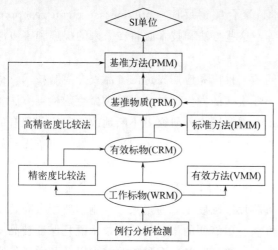

图 1-7　食品安全测量溯源体系技术模型

1.3.7　原产地溯源

原产地溯源有利于实施产地保护，保护地区名牌、保护特色产品，而且食品的产地来源也会影响它的组成成分，并与"从农田到餐桌"整个食品供应链的食源性风险相关联。据统计，不同国家发生人畜共患病的风险有很大差异，如英国发生疯牛病的风险远远大于美国。

原产地鉴别分析主要是探寻表征不同地域来源食品的特异性指标。可用于食品地域分析的指标包括：同位素含量与比率、矿物元素含量、化学成分含量、动物遗传图谱、微生物图谱、感官特性以及挥发性成分等。

（1）稳定同位素分析

随着快速分析技术的发展及食品成分的复杂化，多同位素指标（^2H、^{13}C、^{15}N、^{18}O、^{34}S、^{87}Sr）常被用于进口饲料、动物来源和组织代谢转化的研究。稳定同位素分析被认为是原产地判别的优良指标，如 $^{13}C/^{12}C$ 与植物的光合代谢途径有关，$^{18}O/^{16}O$ 和 $^2H/^1H$ 与地域的环境条件密切相关，$^{87}Sr/^{86}Sr$ 与地质条件密切相关，利用它们可判断动植物产品的来源。

不同种类同位素分析技术有所不同。H、C、N、O、S 等轻同位素常用同位素比率质谱仪（isotope ratio mass spectrometer，IRMS）和适时特定同位素分馏-核磁共振（SNIF-NMR）技术进行分析，Sr、Pb 等重同位素常用热电离质谱（thermal ionization mass spectrometer，TIMS）和多收集器等离子体质谱（MC-ICP-MS）进行分析。SNIF-NMR 能精确区分出化合物中的 ^2H 同位素，并能精确定量，而 IRMS 只能给出化学物质中 ^2H 的平均含量。核磁共振与同位素比率质谱结合应用能提高产地溯源的判别率。业界一些学者利用核磁共振分析了来自高山和平原地区的牛乳脂肪中多不饱和脂肪酸（polyunsaturated fatty acid，PUFA）、单不饱和脂肪酸（monounsaturated fatty acid，MUFA）和饱和脂肪酸（saturated fatty acid，SFA）的化学特性，同时利用同位素比率质谱分析了牛乳中水的 ^{18}O 和 D 值，发现高山地区的牛乳脂肪中多不饱和脂肪酸含量显著高于平原地区，而两地牛乳脂肪中单不饱和脂肪酸和饱和脂肪酸的含量无显著差异。通过对喂养牛的饲料成分进行分析得知，牛乳脂肪中多不饱和脂肪酸含量的差异主要是由两地喂养牛的饲料种类差异所致；而牛乳中水的 $\delta^{18}O$ 和 δD 值分析结果也显示高山与平原两地的牛乳有显著差异，这两种指标的差异主要与地形有关。因此，可以认为核磁共振和同位素比率质谱两种方法相互补充，对动物的饲料和地域来源进行判断效果比较好。

稳定性同位素分析在地域来源判别中也存在一定的局限性。例如，动物体中碳同位素比率主要与其饲料种类有关，用它只能区分动物饲料种类不同的地域；氢、氧同位素主要与气候、地形等因素有关，在气候、地形相同的不同地区，食品中氢、氧同位素指标可能相同，这就限制了它们对地域的区分。

（2）痕量元素分析

痕量元素也是表征地域差异的较好指标，其依据是生物组织不断从它所生活的环境，如水、食物和空气中累积各种矿物元素，不同地域来源的生物体中矿物元素含量有很大差异。影响地域痕量元素差异的因素，主要包括土壤种类、土壤的 pH、人类污染、大气和气候的差异以及矿物元素之间的相互作用等。常用等离子体质谱（inductively coupled plasma mass spectrometry，ICP-MS）、原子吸收光谱（atomic absorption spectrum，AAS）等分析不同地域土壤、动植物、水等中的痕量元素含量。

（3）化学成分分析

动物饲料种类、基因型和喂养方式等均会影响动物源食品的总化学成分组成，它们主要影响食品中的脂肪含量、脂肪酸的组成、肌肉的结构以及蛋白质的组成与含量等。研究报道中常利用气-质联用（GC-MS）、液-质联用（LC-MS）、近红外（NIR）、中红外（MIR）等技术对化学成分进行检测，分析判别食品和饲料的地域来源。近红外与中红外检测技术快速、无损，在化学成分快速分析中应用较多。目前，用近红外在中草药产地判别方面的研究较多，研究结果也比较理想。另外，利用近红外与中红外在肉品方面的研究也有相关报道。一些专家利用近红外光谱技术对不同生肉制品进行检测分析，发现它对水分、蛋白质和脂肪的测定效果比较好，而对碳水化合物的测定效果不是很理想。同时，很多研究人员利用近红外技术研究区分了不同喂养系统的牛肉，发现其判别效果比较好。

食品中化学成分受加工工艺、储存条件等因素影响较大，致使利用它们对地域的判别规律常不十分明显，这是利用化学成分分析技术对食品地域判别的最大缺陷。

（4）微生物菌群分析

微生物菌群分析方法是基于外界环境影响食品中微生物菌群平衡的原理而建立的。不同环境中微生物的数量尤其是细菌的种类和特性（如对特定抗生素的抗性）差异很大，它们均可用于区分食品的生产地。

检测细菌种类和特性常用的技术主要分为传统生物化学技术和分子生物学技术两大类。

传统生物化学方法包括 API 种类分析、抗生素抗性分析和酶联免疫检测分析。API 种类分析方法需要对不同种类的细菌进行分离，操作比较繁琐，费时费力。抗生素抗性分析是近年来发展起来的用于区分生物体地域来源的一种方法。水产业中大量抗生素的使用，致使鱼和水环境中出现细菌的生物多样性。细菌的抗性和多抗图谱可作为地域鉴别的指标，但这需要收集大量试验样品，并对不同地域特定抗生素的抗性进行研究证实。酶联免疫检测分析能快速检测样品中的特定细菌种类，如对沙门氏菌的检测。

分子生物学技术主要包括变性梯度凝胶电泳（denaturing gradient gel electrophoresis，DGGE）和 DNA 单链构象多态性分析（single-strand conformation polymorphism，SSCP）。DGGE 和 SSCP 是基于聚合酶链反应（polymerase chain reaction，PCR）产物的电泳分析。DGGE 是对双链 DNA 片段进行的电泳分析。梯度聚丙烯酰胺凝胶从顶端到底部，温度呈线性增加，不同序列的 DNA 链在其熔点处聚集，形成 DNA 条带图谱。SSCP 是对单链 DNA 片段进行的电泳分析。由于分子之间的碱基配对，DNA 单链会形成二级结构，不同序列的 DNA 链，其二级结构不同，在电泳过程中的迁移率也各不相同，从而形成特定的条带谱图。DGGE 和 SSCP 技术可达到变性高效液相色谱（denaturing high performance liquid chromatography，DHPLC）的检测效果。一些专家利用此项技术检测猪体内的微生物菌群，并建议利用 DGGE 技术检测淡水鱼中的微生物总菌群，以便建立判别食品地域来源的生物条形码。这种方法的研究与应用，需要建立代表不同地域微生物总菌群的数据库。

（5）感官特性分析

动物源食品的感官特性，如风味、色泽、嫩度等与其生产地域、品种和喂养方式等有密切关系。例如，喂奶的羊肉和断奶后再育肥一段时间的羊肉，其质地和风味有很大差异。羊肉的嫩度受其品种影响较大，而同一品种的羊肉嫩度与其年龄和饲料营养成分有关。此外，不同国家来源的羊肉嫩度也有差异。对于牛肉而言，品种、地域、性别和喂养方式也是影响肉感官特性的重要因素。牛肉和羊肉的色泽与饲料中胡萝卜素、类胡萝卜素及玉米含量有关。

可见，食品的感官特性受多种因素影响，其变化规律比较复杂，与地域有一定的联系，但很难得出确定性结论。感官特性对加工食品的区分比较有用，因为一定的加工工艺会产生一定的口感、色泽等感官特性。

（6）挥发性成分分析

挥发性成分是感官特性中有特定风味的成分的重要组成部分。食品中挥发性成分与特定的地域、加工工艺和食品中微生物菌群有密切关系，常用电子鼻、GC-MS 等进行测定。但食品中微生物菌群随时间不断变化，其具有的特定风味的成分也随之变化。因此，在地域判别中，筛选具有特定不变的风味的成分非常重要。利用具有特定风味的成分对加工食品的区分比较有用，而对生鲜食品的区分则比较困难。因为在加工过程中会加入具有特定风味的成分，而且产生的特定风味的成分也比较多，而未加工食品中挥发性成分的含量则非常低。

食品的产地来源鉴别技术实质上是分析与产地因素有关的食品特征指标。通过对上述食品产地溯源研究方法的概括分析可知，用于食品地域鉴别的指标主要有两类：第一类是直接与食品地域来源相关的指标，如与水源相关的 H 和 O 同位素指标，与土壤和环境相关的痕量元素指标；第二类是指与生产系统、品种、喂养条件等有关且与特定地域有联系，但受多种因素影响的指标，如食品的总化学成分、感官特性、挥发性成分等。在一些情况下，通过第一类指标就可以判别出食品的地域来源；但在另一些情况下，必须考虑第二类指标。

迄今为止，还没有一项独立的技术能完全用于食品地域来源分析中，任何方法都有其各自的局限性，尤其是在同时区分不同地区的食品来源时，这些局限性更为突出。从文献报道而言，大多数学者认为稳定性同位素分析和痕量元素分析是追溯食品地域来源的最富前景的技术方法。需要注意的是，随着动物品种和喂养方式的多样化发展，动物源食品的判别越来越复杂。如果想要精确判别食品尤其是动物源食品的地域来源，就应该应用能够集成多种参数、多种方法的多因素分析方法，如多元统计分析已经成为食品原产地溯源研究中筛选与地域有关指标的有力工具。在实际应用多因素分析方法时，需要对每一个参数进行解释。

1.3.8　污染物溯源

在食品溯源体系中，引入现代检测技术，积极开展食品有害残留的检测和控制研究，对保证食品安全、维护公共卫生安全、保障人类健康都有重要意义。目前应用于食品溯源的现代检测技术主要归纳为仪器分析方法、现代分子生物学方法和免疫学方法。这些检测技术广泛应用于食品溯源的各个领域，如动物源性食品污染中克伦特罗（瘦肉精）的检测、氯霉素的检测；植物源性食品污染中有机磷类和氨基甲酸酯类农药的残留检测，以及重要有机污染物二噁英、甲醛的检测等。

（1）仪器分析方法

仪器分析方法中的色谱法已经广泛应用于各种物质的分离与检测，尤其以高效液相色谱（high performance liquid chromatography，HPLC）技术的应用最为普遍。将样品添加或注入色谱柱的上沿，借助于流动相送入色谱柱内，通过样品和固定相及流动相间的化学、物理作用，达到分离的效果，并按时间顺序从色谱柱的下端洗脱出来。HPLC 主要用于对多组分混合物的分离，这种方法不仅使以往的柱色谱法达到高速化，而且使得其分离性能大大提高，故应用性更加广泛，较其他一些色谱法具有更多的优越性。在食品行业中常用于食品添加剂、农药残留和生物毒素的分析检测，具有灵敏度高、操作简便、结果准确可靠、重现性好且成本较低的优势。

检测抗生素的传统方法是微生物法，灵敏度较低、耗时较长，且一次只能检测一种抗生素；而利用仪器分析方法中的 HPLC 技术测定抗生素，简便快速，能同时检测多种抗生素，已成为食品污染物溯源中的常用方法。

（2）现代分子生物学方法

1）核酸探针检测技术

核酸探针检测技术的原理是碱基配对、互补的两条核酸单链通过退火形成双链，这一过程称为核酸杂交。核酸探针是指带有标记物的已知序列的核酸片段，它能和与其互补的核酸序列杂交，形成双链，所以可用于待测核酸样品中特定基因序列的检测。每一种病原体都有独特的核酸片段，通过分离和标记这些片段就可制备出探针，用于疾病的诊断以及食品污染物溯源等研究。该技术不仅具有特异性强、灵敏度高的优点，而且兼具组织化学染色的可见性和定位性。在食品检测中，核酸探针技术主要用于致病性病原菌的检测。

核酸探针检测技术是目前分子生物学中应用最为广泛的技术之一，是定量检测特异RNA 或 DNA 序列的有力工具。核酸探针可用于检测任何特定的病原微生物，并能鉴别密切相关的毒株，因此可广泛应用于进出口动物性食品的检验，包括沙门氏菌、弯杆菌、轮状病毒、狂犬病毒等多种病原体。但核酸探针技术在实际应用中仍存在一些问题，如放射性同位素标记的核酸探针具有半衰期短、对人体有危害、操作技术复杂、使用费高等缺点，所以多作为实验室诊断手段。

2）基因芯片检测技术

基因芯片是指采用原位合成或显微打印手段，将数以万计的核酸探针固化于支持物表面，与标记的样品进行杂交，通过检测杂交信号来实现对样品快速、并行、高效的检测或医学诊断。基因芯片因其信息量大、操作简单、可靠性好、重复性强以及可以反复利用等诸多特点，在食品污染物溯源中，成为检测有害微生物和转基因成分最有效的手段之一。

（3）免疫学方法

1）酶联免疫吸附技术

酶联免疫吸附（enzyme linked immunosorbent assay，ELISA）技术是一种将抗原和抗体的特异性免疫反应和酶的高效催化作用有机结合起来的检测技术。其基本原理是，将抗原或抗体在不损坏其免疫活性的条件下预先结合到某种固相载体表面；测定时，将受检样品（含待测抗原或抗体）和酶标抗原或抗体按一定程序与结合在固相载体上的抗原或抗体起反应形成抗原或抗体复合物；反应终止时，固相载体上酶标抗原或抗体被结合量（免疫复合物）即与标本中待检抗原或抗体的量成一定比例；经洗涤去除反应液中其他物质，加入酶反应底物后，底物即被固相载体上的酶催化变为有色产物，最后通过定性和定量方法分析有色产物量即可确定样品中的待测物质及其含量。

ELISA 已广泛应用于食品安全分析的各个领域，在食品污染物溯源方面尤为突出。各种研究表明，ELISA 对仪器设备要求不高，测定成本低，方法快速、简便，且试剂保存时间较长，自动化程度高，无放射性同位素污染等。因此，酶联免疫吸附技术具有广泛的应用前景。

2）胶体金快速检测技术

胶体金是由氯金酸（$HAuCl_4$）在还原剂，如白磷、抗坏血酸、枸橼酸钠、鞣酸等作用下，聚合成为特定大小的金颗粒，并由于静电作用成为一种稳定的胶体状态。胶体金在弱碱环境下带负电荷，可与蛋白质分子的正电荷基团牢固结合，由于这种结合是静电结合，所以不影响蛋白质的生物特性。胶体金除了与蛋白质结合以外，还可以与许多其他生物大分子结合，如 SPA、PHA、ConA 等。由于胶体金的一些物理性状，如高电子密度、颗粒大小、形状及颜色反应等，加上结合物的免疫和生物学特性，使得胶体金广泛应用于免疫学、组织学、病理学和细胞生物学等领域。胶体金免疫色谱试纸条诊断技术具有快速、敏感和易操作等优点，近年来在食品污染物溯源等领域得到广泛应用。

1.4　食品溯源的应用

随着消费者生活水平的提高和食品安全问题的凸显，建立食品安全溯源制度，实现食品安全的可追溯性，已经成为研究制定食品安全政策的关键因素之一。由此可见，食品溯源的意义不仅仅体现在构建食品可追溯体系上，还体现在完善食品可追溯制度、创建食品溯源系统等方面。

1.4.1　食品溯源体系应用的意义

食品溯源体系的建立，对于完善食品安全管理体系有着重大的作用和意义。这不仅是保证食品安全的一项重要措施，也是适应国际贸易，提高消费者对食品安全的信心，以及提高食品安全突发事件应急处置能力的重要手段。因此，食品溯源体系应用的意义可以概括为以下五个方面。

（1）适应食品国际贸易的要求

欧盟 2000 年 1 月发表了《食品安全白皮书》，提出了一个新的食品安全体系框架。其提出的一项根本性改革措施，就是以控制"从农田到餐桌"全过程为基础，明确所有相关生产经营者的责任。2002 年 1 月颁布了 EC178/2002 号法令，要求从 2004 年起，在欧盟范围内销售的所有食品都能够进行追踪与溯源，否则就不允许上市销售。

美国食品与药品管理局（FDA）要求在美国国内和国外从事生产、加工、包装或掌握人群或动物消费的食品部门，在 2003 年 12 月 12 日前必须向 FDA 登记，以便进行食品安全追踪与溯源。2004 年 5 月美国又公布了《食品安全跟踪条例》，要求所有涉及食品运输、配送和进口的企业要建立并保全相关食品流通的全过程记录。该规定不仅适用于美国食品外贸企业，而且适用于美国国内从事食品生产、包装、运输及进口的企业。

日本农林水产省 2002 年 6 月 28 日正式决定将食品信息可追踪系统推广到牡蛎等水产养殖产业，使消费者在购买水产品时可以通过商品包装获取品种、产地以及生产加工流通过程的相关履历信息。2003 年 6 月又通过了《牛只个体识别情报管理特别措施法》，于 2003 年 12 月 1 日开始实施。2004 年 12 月日本开始立法实施牛肉以外食品溯源制度。

当前世界上已有多个国家和地区采用国际物品编码协会（GS1）推出的 EAN·UCC 系统，对食品原料的生产、加工、储藏及零售等各个食品供应链环节的管理对象进行标识，通过条形码和人工可识读方式使其相互连接，实现对整个食品供应链的追踪与溯源。

面对经济全球化、贸易自由化的世界潮流，食品安全溯源已经成为食品国际贸易的要点之一，也成为一项新的贸易壁垒。通过建立食品溯源体系，可以使食品生产管理在尽可能短的时间内与国际接轨，符合国际食品安全追踪与溯源的要求，提高食品质量安全水平，突破技术壁垒，增加食品的国际竞争力，扩大对外出口。

（2）维护消费者对所消费食品的知情权

食品工业化生产导致了消费者和食品生产过程在时间和空间上的分离。目前的食品标签不能为消费者提供足够的信息，使人们了解食品的生产地、生产方式、添加了何种类型的添加剂，以及所消费的食品是否来源于转基因原料等。随着食品安全问题的日益严重，越来越多的消费者要求了解食品在整个食品供应链中的细节信息。

食品溯源体系能够通过提高生产过程的透明度，建立一条连接生产和消费的渠道，让消费者能够更加方便地了解食品的生产和流通过程、放心消费。食品溯源体系的建立，能够将食品供应链中有价值的食品质量安全信息保存下来，以备消费者查询。不仅有助于维护消费者对所消费食品的知情权，而且有助于提高消费者对食品安全的信心。

（3）提高食品安全性监控水平

食品溯源体系的建立，一方面，通过食品供应链成员对有关食品安全信息的记录、归类和整理，促进食品供应链成员改进工艺，不断提高食品安全水平；另一方面，通过食品溯源，政府可以更有效地监督和管理食品安全，与向企业派驻监督代表相比，前者只需要考核记录的真实性。

食品溯源管理能够明确责任方，从而对食品供应链成员产生一种自我激励机制，使其采用更安全的生产方式并采取积极的态度防患食品风险。这种源于责任的激励机制，可以减少食品供应链发生食品安全事故的概率。同时，对整个产业和政府责任的确定也会产生正面效应，使各部门以积极的防御态度解决食品安全问题，减少食源性疾病的发生。

（4）提高食品安全突发事件的应急处置能力

在食源性疾病暴发时，利用食品溯源系统工具，能够实现快速反应、追根溯源，及时有效地控制病源食品的扩散及实施缺陷食品的召回，减少危害损失。因此，食品生产加工与管理部门应在 HACCP、GMP 控制体系的基础上，将污染溯源管理引入食品供应链全程安全控制中。

（5）提高生产企业的诚信意识

全面的食品安全信息的收集和分析，可以及时、可靠地向食品供应链成员和消费者提供必要的信息，建立消费者对食品供应链成员的信任，促使食品供应链成员将安全的、标准化的食品生产变成食品供应链成员自觉、自律的行动；同时，完整的食品安全信息的收集和分析，可以为有关食品质量安全生产、管理和消费提供科学指导，提供有助于在食品供应链的各个环节改进食品安全操作的适当信息，提高生产管理效率，也有助于节省成本支出，提高产品品质。因此，随着全球化的不断深入，食品生产企业应积极构建食品溯源体系，实施诚信经营，以赢得消费者的信任。

1.4.2 食品溯源体系的发展趋势和实施难点

食品溯源理念已经被越来越多的大众所熟知，被越来越多的部门和企业所接受，并愿意采用食品溯源系统作为食品安全追溯的工具。食品溯源体系已经成为保障人类健康、促进食品国际贸易以及解决食品国际贸易争端的有效方式，建立食品溯源体系已经成为许多部门和企业的必要选择。因此，有必要对食品溯源体系的发展趋势和实施难点进行深入分析。

（1）食品溯源体系的发展趋势

食品溯源体系建设，不仅需要面对复杂的食品供应链，而且需要涉及更多的社会资源。一个用于保障全社会健康、可持续和谐发展的体系，需要集成全社会的资源才能保障其正常运营。

　　1）在食品溯源法律法规方面

　　随着中国法治建设的不断完善，公民法治观念的不断增强，食品质量安全溯源的要求也会纳入中国法治建设的轨道，届时食品溯源体系也会在中国全面建立并运行起来。

　　2）在食品溯源技术方面

　　随着溯源技术的快速发展，尤其是 RFID 技术的推广应用、条形码自动识别技术的研制开发等，将会使食品溯源的管理成本降低，并促进相关技术产业的发展，同时也带动食品企业构建食品溯源体系的积极性。

　　3）在食品溯源相关标准方面

　　国际上已经形成了一系列成熟的食品溯源标准。我们要学习和借鉴国际食品溯源标准，加快食品溯源标准尤其是食品溯源设计原则、指南类标准的研制，有效地指导食品企业开展食品溯源体系建设。

　　4）在食品溯源系统方面

　　在食品溯源技术和标准的支撑下，具有产业优势的食品企业开始建设食品溯源系统，并逐步扩展到整个食品供应链，实现由"点"到"线"再到"面"的推广扩大，从而使食品溯源系统的规模效应得到进一步提高。

（2）食品溯源体系的实施难点

　　食品溯源体系作为政府规制食品安全的政策选择，强调食品安全信息在单个企业内部和食品供应链成员之间都要具有可追溯能力。因此，在食品溯源实施过程中涉及的主要利益主体包括政府、食品供应链成员和消费者等（图1-8）。在食品溯源的实施过程中，这些市场环境中不同利益主体的要求各不相同。政府为实现社会福利最大化，以保障整个社会的食品安全为目标；食品供应链成员作为市场内的厂商，以谋取利润最大化为目标；消费者则以自身福利最大化为目标，选择物美价廉的食品进行消费。不同利益主体对食品溯源的态度与行为的不同，成为食品溯源体系实施过程中的主要难点。

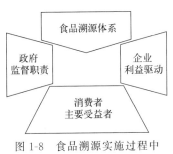

图 1-8　食品溯源实施过程中涉及的主要利益

　　1）从政府的角度分析

　　政府代表国家来执行法规和监督管理，既是食品溯源制度的供给者，又肩负着监督的职能，在食品溯源体系实施过程中具有重要位置和关键作用。政府在实施食品溯源中起着调控与引导的作用，可以为对食品供应链成员的监督与消费者的安全消费营造一个良好的宏观环境。因此，政府管理部门应明确责任和分工，按照国家授权的原则，监督与食品安全有关的一系列生产经营活动。

　　2）从企业的角度分析

　　由于"优质优价"的市场环境正在形成，企业诚信体系不够完善，给企业实施食品溯源带来了困难，主要表现在以下两个方面。

　　一方面，企业作为食品供给者，承担着食品溯源的责任，但要为实施食品溯源付出相应的成本。考虑到实施食品溯源虽然是政府保障食品安全的一个有力措施，但却是一项复杂且周期较长的工程，短期内可见利益较小。

　　另一方面，每个企业的利润依赖于其他企业和消费者的行为，从而使企业之间的行为具有策略性的特征。如果企业可以从特定的信息中获利，则不会将其公开化，而食品溯源体系的实施就意味着某种或某些特定信息要在整个食品供应链中流动。因此，企业可能会在某种程度上隐匿某些信息，而不愿意参与食品溯源。

　　3）从消费者的角度分析

　　消费者是实施食品溯源的主要受益者，也是最终推动者，因为保障消费者的食品安全是实施食品溯源的最终目标。从企业供给层面分析，通常认为可能会导致食品安全信息的缺失，但如果按照需求决定供给的经济法则，食品安全信息的缺失有可能存在需求层面上的诱因，也可能存在信息不对称现象，消费者不知道存在信息的缺失。

　　一方面，消费者的某些观念和消费习惯在某种程度上造成了食品安全信息的缺失。例如，消费者长期以来主要以能量和营养为主的需求偏好，导致了增产技术备受关注，而对食品安全生产技术和安全信息的需求相对不足。另一方面，消费者对安全食品缺乏认知和基础知识，导致其食品安全防范意识较差，从而对食品溯源体系的认识也不够深入，这也是实施食品溯源的难点之一。

　　众所周知，食品安全管理是一个全社会的综合的管理过程，需要市场的经济杠杆、政府的行政管理杠杆、司法的法律杠杆和社会公众的道德杠杆进行有机结合才能发挥作用。因此，只有政府、企业和消费者的共同努力，才能有力地推动中国食品溯源体系的建立和实施。

思考练习

　　1. 食品溯源可以从哪些方面提高食品安全？

　　2. 食品溯源的分类及对应的适用范围？

　　3. 各国关于基因溯源管理的异同点？

　　4. 请结合实际，谈谈如何应对食品溯源实施过程中的困难？

请扫二维码
查询参考答案

参考文献

[1] 白春艳，刘石鑫，樊志鹏，等. 食品溯源体系建立的必要性与可行性分析[J]. 现代农业科技，2022（21）：191-193.

[2] 王雯慧. 食品溯源　用科技手段助力食品安全[J]. 中国农村科技，2019，289（06）：21-24.

[3] 王虹，王成杰，杨旭，等. 进口食品追溯体系的现状及发展趋势[J]. 食品与发酵工业，2021，47（13）：303-309.

[4] 贾翁力，李秀林，刘汗青，等. 食品溯源方法分析研究[J]. 食品工业，2022，43（10）：186-189.

[5] 曹裕，李青松，胡韩莉. 基于消费者行为的食品溯源信息监管策略研究[J]. 运筹与管理，2020，29（08）：137-147.

[6] 王尔媚，苏静. 基于区块链的食品供应链溯源平台[J]. 食品工业，2022，43（11）：227-230.

[7] 宋丽娟. 基于区块链的产品溯源系统研究[J]. 信息与电脑：理论版，2022，34（16）：81-84.

[8] 谭春桥，赵会敏，周丽．考虑产品溯源的供应商市场进入策略研究[J]．管理学报，2022，19（10）：1555-1565．

[9] 张永安，刘艳秋，武佩，等．基于物联网技术的羊只流水线屠宰过程溯源信息链构建[J]．黑龙江畜牧兽医，2019，588（24）：42-45．

[10] 韩凤芝．转基因食品溯源监管体系的研究[J]．山东农业工程学院学报，2018，35（10）：55-56．

[11] 刘东升．农业投入品全程溯源与协同监管一体化的关键技术及应用．杭州市：浙江工商大学，2018．

[12] 科技部．中国首个基于全基因组测序技术的食源性疾病分子溯源网络建成并投入使用[J]．食品与机械，2019，35（09）：8．

[13] 纪霞，黄颖，王普玉．基于区块链技术的原产地溯源问题研究[J]．物流工程与管理，2020，42（01）：70-72，79．

[14] 马腾，孙传恒，李文勇，等．基于NB-IoT的农产品原产地可信溯源系统设计与实现[J]．中国农业科技导报，2019，21（12）：58-67．

[15] 黄少安，李业梅．新媒体环境下食品溯源体系建设中主体角色演化机制研究[J]．经济纵横，2020，415（06）：2，26-36．

第
一
章

第二章
食品溯源技术

 本章导读

在"健康中国"战略指引下，为加快构建以国内大循环为主体、国内国际双循环相互促进的新发展格局，食品产业将凸显其在经济社会发展中的重要地位。中国工程院院士陈君石说道："在食品发展行业中，食品安全和营养健康并重，两者不可偏废。"多次强调食品溯源的重要性，食品溯源体系将会是我国食品行业在今后五年追求的目标。食品溯源体系是一项涉及多部门、多环节、多学科知识的复杂系统工程，需要相应的食品溯源技术体系作为支撑，它也是确保食品安全、控制质量和管理复杂物流链的有效工具。食品溯源关键技术的成熟，不仅有助于降低企业管理成本，而且有助于促进相关技术产业的发展，提高企业构建食品溯源体系的积极性。本章将重点介绍电子编码技术、产地溯源技术、物种鉴别技术以及自动识别与数据采集技术等食品溯源关键技术。

 学习目标

1. 了解食品溯源技术的分类。
2. 掌握电子编码技术、产地溯源技术、物种鉴别技术三种溯源关键技术。
3. 熟悉三种关键溯源技术的相关标准。

2.1　概述

食物从农田到餐桌，要经过生产、加工、贮藏、运输、销售等诸多环节，在如此长的产业链条中，每一个环节，食品都有被污染的可能。利用信息化手段快速高效管理食品安全信息，建立完整的信息溯源体系，实现食品安全溯源已成为必然趋势。

目前，国内外主要通过编码技术、条码及射频等自动识别技术、数据交换技术以及其他稳定同位素、DNA技术、蛋白质分析技术、脂质体技术等检测技术追溯农产品的来源。其中编码技术、条码及射频等自动识别技术、数据交换技术代表了信息系统建设过程信息化的层次，即信息的编码、信息的自动采集以及系统间的信息交互。食品溯源依托关键溯源技术，结合物联网、互联网、大数据等数字新技术，将实现食品从原料、生产、加工、储存、运输到终端消费等"从农田到餐桌"每个环节的全程记录可追溯。

2.2　电子编码技术

食品在供应链体系中的流动，必须能够有效地反映在信息交换过程中，建立食品与信息一一对应的关系。自动识别与数据采集（automatic identify and data collection，AIDC）技术的应用，能够高效率地解决食品与信息之间的匹配关系，使食品在供应链的生产、加工、运输、仓储和销售等各个环节的动态信息，能实时反映在信息网络中，实现食品溯源。食品溯源是以电子编码技术为基础的，电子编码贯穿于整个食品溯源过程。

（1）编码的含义

编码是将事物或概念赋予一定规律性的易被人或计算机识别和处理的符号、图形、文字等。它是人们统一认识、统一观点、交换信息的一种技术手段。信息编码就是把信息用一种易被电子计算机和人识别的符号体系表示出来的过程。对信息进行编码，实际上就是对文字信息进行符号化处理，使之成为量化信息。

信息编码的直接产物为代码，它是表示特定信息的一个或一组有序排列的符号，便于人或计算机识别与处理。在现代化信息管理系统中代码是数据元的一种标准表示形式，是一种人机信息语言的表达形式。代码一般以字符集合的形式出现，叫"代码集"。

（2）编码的原则

编码的目的在于方便使用，因此编码时，在考虑计算机处理信息使用方便的同时，还要兼顾手工处理信息的要求。编码时应遵循下述原则：

① 唯一性。尽管编码对象有不同的名称，或有不同的描述，但代码结构必须保证每一个编码对象仅有一个唯一赋予它的代码，即通常所说的"一物一码"。

② 可扩性。代码结构必须能够适应同类编码对象不断增加的需要。也就是说，必须为新的编码对象留有足够的备用码。

③ 简短性。在不影响代码系统的容量和可扩性的情况下，代码位数应尽可能少。这样既便于手工处理，减少差错率，也减少计算机的处理时间和存储空间。

④ 格式一致。无论是机器处理还是手工处理信息都应使用规范化的代码，以提高代码的可靠性。如一般宜用固定长度的代码，因为可变长度的代码可靠性要差些。

⑤ 适应性。这里所说的适应性是指代码应便于修改，以适应分类编码对象的特征或属性以及其相互关系可能出现的变化。

⑥ 含义性。代码应尽量有最大可能限度的含义，较多含义的代码可以反映分类编码对象更多的属性和特征。

⑦ 稳定性。代码不宜频繁变动，否则将造成人力、物力的浪费。因此编码时，代码应考虑其最少变化的可能性，尽可能保持代码系统的相对稳定。

⑧ 识别性。代码应尽可能反映分类编码对象的特点，以助记忆，并便于企、事业各类用户了解和使用。

⑨ 可操作性。代码应尽可能方便事务员和操作员的工作，减少机器处理时间。

在上述所列的九项编码基本原则中，有些原则彼此之间是冲突的。例如，一个编码结构为了具有可扩性，就要留有足够的备用码，而留有足够的备用码，在一定程度上就要牺牲代码的简短性；代码的含义性要强、多，那么代码的简短性必然要受到一定的影响。因此，设计代码时对编码原则必须全面遵守、综合考虑，以求代码设计能达到最优化的效果。

（3）代码的功能

① 标识唯一。当用代码（数字或字母等符号）表示某一事物或概念时，代码本身代替了某事物或概念的具体名称，并作为标识该事物或概念的唯一标志。代码在标识事物或概念这一方面具有其独特的优点：唯一、准确和简单。

② 分类。当编码对象是按照其属性或特征进行分类，并分别赋予代码时，代码可反映编码对象的类别。例如，某些公交线的代号编码，可以用三位数字表示，其中第一位表示类别，用"1"表示无轨电车，用"3"表示郊区公共汽车，那么"332"路车就是郊区公共汽车。

③ 排序。当编码对象是按其发现（产生）的时间、所占有的空间或其他方面的顺序关系进行分类并赋予代码时，代码可反映编码对象的排列顺序关系。例如，房间号、门牌号都反映了其编码对象在位置上的一定相对顺序关系。又如，员工注册号作为员工姓名的代码，给出了员工入职的先后次序。

④ 特定含义。当由于某种客观需要，在设计代码时采用一些专用字符或对某些字符做出一些特殊规定时，代码具有一定的特殊含义。

上述代码的几个功能中，标识唯一性功能是最基本的，任何代码都必须具备标识唯一性。在一定的范围内，一个代码只能标识一个事物或概念，而一个事物或概念只能由一个代码来表示。例如，在一个大企业中，由于习惯或历史的原因，各部门对同一实体（如某产品）可能有不同的命名、描述和代号、缩写等。但就整个企业而言，对同一实体只能由一个标准的通用代码来标识，以作为各部门不同代号转换的基准。代码的其他功能是人们为了处理信息、管理信息方便而选用的，人为赋予代码的。在信息自动化管理系统中，利用计算机处理信息，代码是计算机鉴别和查找某信息的主要依据和手段。因此，在信息管理系统建立时必须建立起相应的代码体系，使系统中的事物或概念代码化，各项数据体系化。代码为数据体系系统化提供了一种简短的、方便的符号结构，为数据记录、存取、检索提供了方便，并且还可以提高数据处理的效率和准确性。

（4）代码的种类

代码的种类很多，代码按其功能可分为有含义代码和无含义代码。无含义代码是指代码本身无实际含义，代码作为编码对象的唯一标识，只起代替编码对象名称的作用。代码本身不提供任何有关编码对象的信息。顺序码、无序码是两种常用的无含义代码。有含义代码是指代码本身具有某种实际含义。此种代码不仅作为编码对象的唯一标识，起代替编码对象名称的作用，还能提供编码对象的有关信息（如分类、排序、逻辑意义等）。常用的有含义代码有系列顺序码、数值化字母顺序码、层次码、特征组合码、矩阵码、复合码、镶嵌式组合码。

2.2.1 条码技术

条码技术是食品溯源体系建设中最常用到的自动数据采集技术，自出现以来，得到人们的普遍关注，发展速度十分迅速。作为一项先进的信息自动采集技术，条码技术可以对食品原料的生产、加工、储藏及销售等食品供应链环节的管理对象进行标识，并借助信息系统进行管理。

2.2.1.1 条码的基本组成

条码（bar code）是由一组按一定编码规则排列的条、空符号组成的编码符号，用以表示一定的字符、数字及符号组成的信息。"条"指对光线反射率较低的部分，"空"指对光线反射率较高的部分，这些条和空组成的数据表达一定的信息，并能够用特定的设备识读，转换成与计算机兼容的二进制和十进制信息。一个完整的条码的组成次序为：静区（前）、起始符、数据符、（中间分割符，主要用于 EAN 码、UPC 码）、（校验符）、终止符、静区（后）。

一般来说，条码的编码方法有两种：宽度调节法和模块组合法。宽度调节法是指条码中条与空的宽窄设置不同，用宽单元表示二进制的"1"，而用窄单元表示二进制的"0"，宽窄单元之比一般控制在 2～3。模块组合法是指条码符号中，条与空是由标准宽度的模块组成。一个标准宽度的条模块表示二进制的"1"，而一个标准宽度的空模块表示二进制的"0"。商品条码模块的标准宽度是 0.33mm。

2.2.1.2 条码的特点

条码技术目前已被广泛应用于商业、邮政、图书管理、仓储、工业生产过程控制、交通等领域。在当今的自动识别技术中占有重要的地位，还是因为条码的应用具有如下特点：

① 简单。条码符号制作容易，扫描操作简单易行。

② 信息采集速度快。普通计算机的键盘录入速度是 200 字符/min，而利用条码扫描录入信息的速度是键盘录入的 20 倍。

③ 采集信息量大。利用条码扫描，一次可以采集几十位字符的信息，而且可以通过选择不同码制的条码增加字符密度，使录入的信息量成倍增加。

④ 可靠性高。键盘录入数据，误码率为三百分之一；利用光学字符识别技术，误码率约为万分之一；而采用条码扫描录入方式，误码率仅有百万分之一，首读率可达 98% 以上。

⑤ 灵活、实用。条码符号作为一种识别手段可以单独使用，也可以和有关设备组成识别系统实现自动化识别，还可和其他控制设备联系起来实现整个系统的自动化管理。同时，在没有自动识别设备时，也可实现手工键盘输入。

⑥ 自由度大。识别装置与条码标签相对位置的自由度要比 OCR 大得多。条码通常只在一维方向上表示信息，而同一条码符号上所表示的信息是连续的，这样即使标签上的条码符号在条的方向上有部分残缺，仍可以从正常部分识读出正确的信息。

⑦ 设备结构简单、成本低。条码符号识别设备的结构简单，操作容易，无需专门训练。与其他自动化识别技术相比，推广应用条码技术所需费用较低。

2.2.1.3　一维条码

条码是由宽度不同、反射率不同的条和空，按照一定的编码规则（码制）编制成的，用以表达一组数字或字母符号信息的图形标识符。即条码是一组粗细不同，按照一定的规则安排间距的平行线条图形。条码根据其编码结构和条码性质的不同，可以将其分为一维条码和二维条码。一维条码就是指传统条码，常用的码制包括 UPC 码、EAN 码、128 码、交叉二五码、三九码等。常见的一维条码是由反射率相差很大的黑条（简称条）和白空（简称空）组成的。这是因为黑条对光的反射率最低，而白空对光的反射率最高。当光照射到条码符号上时，黑条与白空之间产生较强的对比度反差，条码识读器正是利用条和空对光的反射率不同来读取条码数据的，扫描器接收到的光信号需要经光电转换器转换成电信号并通过放大电路进行放大，经过电路放大的条码电信号经整形变成"数字信号"，进入计算机应用系统。

2.2.1.4　二维条码

二维条码是在一维条码无法满足实际应用需求的前提下产生的，可以在有限的几何空间内表示更多的信息，以满足千变万化的信息表示的需要。由于二维条码具有高密度、大容量、抗磨损等特点，所以更拓宽了条码的应用领域。

国外对二维条码技术的研究开始于 20 世纪 80 年代末。在二维条码符号表示技术研究方面，已研究出多种码制，这些二维条码的密度比传统的一维条码都有了较大的提高，如PDF417 的信息密度是一维条码 Code39 的 20 多倍。国际上主要将二维条码技术应用于公安、外交、军事等部门对各类证件的管理，海关、税务等部门对各类报表和票据的管理，商业、交通运输等部门对商品及货物运输的管理，邮政部门对邮政包裹的管理，工业生产领域对工业生产线的自动化管理。

随着市场经济的不断完善和信息技术的迅速发展，国内对二维条码技术的研究和需求与日俱增。中国物品编码中心自主研发了一种具有自主知识产权的二维条码——汉信码。汉信码的研制成功有利于打破国外公司在二维条码生成与识读核心技术上的商业垄断，降低我国一维条码技术的应用成本，推进二维条码技术在我国的应用进程。汉信码在汉字表示方面具有明显的优势，它支持 GB 18030 大字符集，能够表示 GB 18030—2005《信息技术中文编码字符集》中规定的全部汉字，在现有的二维条码中表示汉字效率最高，达到了国际领先水平。此外，汉信码还具有抗畸变、抗污损能力强的特点，最大纠错能力可以达到 30%。将汉信码二维条码标签剪开 1/4 的口子、洒上近 1/3 的油墨、撕去一两个角，并变换不同的识读角度，都能够将汉信码上加载的信息全部恢复。汉信码还充分考虑了汉字信息的表示效率，相同的信息内容，汉信码只是快速响应矩阵码符号面积的 90%，是数据矩阵码符号面积的 63.7%。

（1）二维条码的分类

在一维条码的基础上向二维条码方向扩展，利用图像识别原理，采用新的几何形体和结构设计出二维条码。前者发展出堆积式的二维条码，后者则有矩阵式（Matrix）二维条码的发展，构成现今二维条码的两大类型。行排式二维条码（又称堆积式二维条码或层排式二维条码），其编码原理是建立在一维条码基础之上，按需要堆积成二行或多行。它在编码设计、校验原理、识读方式等方面继承了一维条码的一些特点，识读设备和条码印刷与一维条码技术兼容。但由于行数的增加，需要对行进行判定，其译码算法与软件也不完全相同于一维条码。有代表性的行排式二维条码有 Code 16K、Code 49、PDF417 等。矩阵式二维条码（又称棋盘式二维条码）是在一个矩形空间通过黑、白像素在矩阵中的不同分布进行编码。在矩阵相应元素位置上，用点（方点、圆点或其他形状）的出现表示二进制"1"，点的不出现表示二进制的"0"，点的排列组合确定了矩阵式二维条码所代表的意义。矩阵式二维条码是建立在计算机图像处理技术、组合编码原理等基础上的一种新型图形符号自动识读处理码制。具有代表性的矩阵式二维条码有 Code One、Maxi Code、QR Code、Data Matrix 等。若从印制条码的材料、颜色分类，二维条码可分为黑白条码、彩色条码、发光条码（荧光条码、磷光条码）和磁性条码等。

在目前几十种二维码中，常用的码制有 PDF417、Data Matrix、Maxi Code、QR Code、Code 49、Code 16K、Code one 等，除了这些常见的二维条码之外，还有 Vericode 条码、CP 条码、Codablock F 条码、田字码、Ultracode 条码、Aztec 条码。二维条码与磁卡、IC卡、光卡主要功能比较见表 2-1。

表 2-1　二维条码与磁卡、IC 卡、光卡主要功能比较

比较点	二维条码	磁卡	IC 卡	光卡
抗磁力	强	弱	中等	强
抗静电	强	中等	中等	强
抗损性	强 可折叠 可局部穿孔 可局部切割	弱 不可折叠 不可穿孔 不可切割	弱 不可折叠 不可穿孔 不可切割	弱 不可折叠 不可穿孔 不可切割

复码是由一维条码组分和二维条码组分组合而成的一种码制，其中一维组分用来对标识对象的主标识进行编码，二维组分对标识对象的附加信息进行编码。具有代表性的矩阵式二维条码有：EAN/UCC 复合码。

（2）二维条码的应用范围

表单应用：公文表单、商业表单、进出口报单、舱单等资料的传送交换，减少人工重复输入表单资料，避免人为错误，降低人力成本。

保密应用：商业情报、经济情报、政治情报、军事情报、私人情报等机密资料的加密及传递。

追踪应用：公文自动追踪、生产线零件自动追踪、客户服务自动追踪、邮购运送自动追踪、维修记录自动追踪、危险物品自动追踪、后勤补给自动追踪、医疗体检自动追踪、生态研究（动物等）自动追踪等。

证照应用：护照、身份证、挂号证、驾照、会员证、识别证、连锁店会员证等证照的资料登记及自动输入，发挥"随到随读、立即取用"的资讯管理效果。

盘点应用：物流中心、仓储中心、联勤中心的货品及固定资产的自动盘点，发挥"立即盘点、立即决策"的效果。

备援应用：文件表单的资料若不愿或不能以磁碟、光碟等电子媒体储存备援时，可利用二维条码来储存备援，携带方便，不怕折叠，保存时间长，又可影印传真，做更多备份。

（3）二维条码的相关标准

在二维码标准化研究方面，国际自动识别制造商协会（AIM）、美国国家标准协会（ANSI）已完成了 PDF417、QR Code、Code 49、Code 16K、Code one 等码制的符号标准。国际标准技术委员会和国际电工委员会还成立了条码自动识别技术委员会（ISO/IEC/JTC1/SC31），制定了 QR Code 的国际标准（ISO/IEC 18004：2000《自动识别与数据采集技术—条码符号技术规范—QR 码》），起草了 PDF417、Code 16K、Data Matrix、Maxi Code 等二维码的 ISO/IEC 标准草案。此外，美国国家标准协会（ANSI）制定的二维条码国际标准，包括 PDF417、Maxi Code、Data Matrix。其中以 PDF417 应用范围最广，从生产、运货、行销到存货管理都很适合，故 PDF417 特别适用于流通业者。Maxi Code 通常用于邮包的自动分类和追踪，Data Matrix 则特别适用于小零件的标识。国际标准组织标准制定委员会最大的任务，是避免同一行业采用不同的二维条码，以免造成资讯传输上的困扰。中国物品编码中心在原国家质量技术监督局和国家有关部门的大力支持下，对二维码技术的研究不断深入，在消化国外相关技术资料的基础上，制定了两个二维码的国家标准——二维码网格矩阵码（SJ/T 11349—2006）和二维码紧密矩阵码（SJ/T 11350—2006），促进了中国具有自主知识产权技术的二维码的研发。

1）流通业的标准

美国部分条码委员会，如美国国家标准协会 ANSI MH10.8、电子工业联谊会 EIA MH10 SBC-8 等，已发展出二维条码在流通业的应用标准。ANSI MH10.8 委员会的主要任务，是制定单位包裹与货运标签应用的标准。目前二维条码标准的建议内容包括：

① 进货及出货单采用 PDF417 二维条码，例如船运公司的舱单，其每个模组列印的最佳尺寸是 10mils（千分之一寸）以上；

② 电子资料交换（EDI）的信息及相关文件采用 PDF417 二维条码；

③ 输送带上产品的搜寻及追踪采用 Maxi Code 二维条码，建议尺寸为 1 寸×1 寸。

2）证照业的标准

机器可读旅行文件技术咨询小组（Technical Advisory Group on Machine Readable Travel Documents，TAG/MRTD）是一个国际标准组织，该组织建议将二维条码列为国际证照标准，在国际证照上可加印二维条码，以储存证照的文字或指纹、相片等身份辨识的生理资料。该小组针对二维条码在证照上的应用，做出以下的建议：

① 二维条码在证照上的应用已相当可行；

② 二维条码储存的资料内容应作为证照真伪的辨别及持有人的身份的辨识，印二维条码的油墨应含有标准光学特征以辨识证照的真伪；

③ 当二维条码因国情因素不能印制时，印制二维条码的位置可只以含有光学性质的特殊油墨处理之，以符合国际标准。

（4）几种常用的二维码简介

1）Code 16K 条码

Code 16K 条码（见图 2-1）是一种多层、连续型、可变长度
的条码符号，可以表示全 ASCII 字符集的 128 个字符及扩展
ASCII 字符。它采用 UPC 及 Code128 字符。一个 16 层的 Code
16K 符号，可以表示 77 个 ASCII 字符或 154 个数字字符。Code
16K 通过唯一的起始符/终止符标识层号，通过符自校验及两个
模数 107 的校验字符进行错误校验。Code 16K 条码的特性见
表 2-2。

图 2-1　Code 16K 条码示例

表 2-2　Code 16K 条码的特性

项目	特性
可编码字符集	全部 128 个 ASCII 字符，全 128 个扩展 ASCII 字符
类型	连续型，多层
每个符号字符单元数	6(3 条，3 空)
每个符号字符模块数	11
符号宽度	81X(包括空白区)
符号高度	可变(2～16 层)
数据容量	2 层符号：7 个 ASCII 字符或 14 个数字字符； 8 层符号：49 个 ASCII 字符或 1541 个数字字符
层自校验功能	有
符号校验字符	2 个，强制型
双向可译码性	是，通过层(任意次序)
其他特性	工业特定标志，区域分隔符字符，信息追加，序列符号连接，扩展数量长度选择

2）Code 49 条码

Code 49（见图 2-2）是一种多层、连续型、可变长度的条码符号，它可以表示全部的

图 2-2　Code 49 条码示例

128 个 ASCII 字符。每个 Code 49 条码符号由 2～
8 层组成，每层有 18 个条和 17 个空。层与层之
间由一个层分隔条分开。每层包含一个层标识
符，最后一层包含表示符号层数的信息。Code 49
条码的特性见表 2-3。

表 2-3　Code 49 条码的特性

项目	特性
可编码字符集	全部 128 个 ASCII 字符
类型	连续型，多层
每个符号字符单元数	8(4 条，4 空)
每个符号字符模块总数	16
符号宽度	81X(包括空白区)

续表

项目	特性
符号高度	可变(2～8层)
数据容量	2层符号:9个数字字母型字符或15个数字字符; 8层符号:49个数字字母型字符或81个数字字符
层自校验功能	有
符号校验字符	2个或3个,强制型
双向可译码性	是,通过层
其他特性	工业特定标志,字段分隔符,信息追加,序列符号连接

3) PDF417条码

PDF417码（图2-3）是由留美华人王寅敬（音）博士发明的。PDF是取英文 Portable Data File 三个单词的首字母的缩写，意为"便携数据文件"。因为组成条码的每一符号字符都是由4个条和4个空构成，如果将组成条码的最窄条或空称为一个模块，则上述的4个条和4个空的总模块数一定为17，所以称417码或PDF417码。

图2-3　PDF 417 条码示例

① 符号结构　每一个PDF417符号由空白区包围的一序列层组成。每一层包括：左空白区；起始符；左层指示符号字符；1到30个数据符号字符；右层指示符号字符；终止符；右空白区。每一个符号字符包括4个条和4个空，每一个条或空由1～6个模块组成。在一个符号字符中，4个条和4个空的总模块数为17。

② PDF417条码的标准化现状　自Symbol公司1991年将PDF417作为公开的系统标准后，PDF417条码为越来越多的标准化机构所接受。如：

AIM——1994年被选定为国际自动识别制造商协会（AIM）标准。

ANSI MH10.8——1996年美国国家标准协会（ANSI）已将PDF417条码作为美国运输包装的纸面EDI的标准。

CEN——1997年欧洲标准化委员会（CEN）通过了PDF417的欧洲标准。

国际标准化组织（ISO）与国际电工委员会（IEC）的第一联合委员会第三十一分委员会起草了PDF417二维条码标准。

中国——PDF417二维条码列为"九五"期间的国家重点科技攻关项目。1997年12月PDF417条码国家标准《四一七条码》正式颁布。

AIAG/ODETTE——1995年北美和欧洲汽车工业组织将PDF417选定为各种生产及管理/纸面EDI的标准。

AAMVA——1995年美国机动车管理局将PDF417选定为所有驾驶员及机动车管理的二维条码应用标准。美国一些州、加拿大部分省份已经在车辆年检、行车证年审及驾驶证年审等方面，将PDF417选为机读标准。

TCIF——美国工业论坛将PDF417列为重要电信产品的标识标准。

EDIFICE——欧洲负责EDI及条码在电子工业方面应用的工业组织将PDF417定为管理/纸面EDI应用标准，并列入运输标识条码标签应用指南。

巴林——将 PDF417 定为身份证的机读标准，还将有一些国家陆续在身份证上选用 PDF417 二维条码。

美国军人身份证上采用 PDF417 条码作为机读标准，将照片及紧急医疗信息编入条码，另外，美国还将 PDF417 条码作为后勤管理和纸面 EDI 应用标准。

图 2-4　Code one 条码

4) Code one 条码

Code one（见图 2-4）是一种用成像设备识别的矩阵式二维条码。Code one 符号中包含可由快速线性探测器识别的识别图案。每一模块的宽和高的尺寸为 X。

Code one 符号共有 10 种版本及 14 种尺寸。最大的符号，即版本 B，可以表示 2218 个数字字母型字符或 3550 个数字，以及 560 个纠错字符。Code one 可以表示全部 256 个 ASCII 字符，另加 4 个功能字符及 1 个填充字符。

Code one 版本 A、B、C、D、E、F、G、H 为一般应用而设计，可用大多数印刷方法制作。这八种版本可以表示较大的数据长度范围。每一种版本符号的面积及最大数据容量都是它前一种版本（按字母顺序排列）的两倍。通常情况下，使用中选择表示数据所需的最小版本。

Code one 的版本 S 和 T 有固定高度，因此可以用具有固定数量垂直单元的打印头（如喷墨打印机）印制。版本 S 的高度为 8 个印刷单元高度，版本 T 的高度为 16 个印刷单元高度。这两种版本各有 3 种子版本，它们是 S-10、S-20、S-30，T-16、T-32、T-48。子版本的版本号则是由数据区中的列数确定的。应用中具体版本的选定则是由打印头的尺寸及所需数据内容确定的。

Code one 具有 6 种代码集。ASCII 代码集是默认代码集，此时每个符号字符可以表示一个 ASCII 数据，两位数字。若要表示扩展 ASCII 字符，则需用功能字符 4（FNC4）作为数据转换或锁定字符。C40 代码集可以将 3 个数字字母型数据用 2 个符号字符来表示。文本代码集则将 2 个小写数字字母型数据转用 2 个符号字符表示。EDI 代码集可以类似地组合通用 EDI 数字字母型数据以及字段和记录终止字符。十进制代码集可以将 12 个数字用 5 个符号字符来表示。字节代码集用于表示 ASCII 字符、扩展 ASCII 字符以及二进制数据（如密码数据和压缩图像）组成的混合型数据。Code one 特性见表 2-4。

表 2-4　Code one 的特性

项目	特性
可编码字符集	全部 ASCII 字符及扩展 ASCII 字符，4 个功能字符，一个填充/信息分隔符，8 位二进制数据
类型	矩阵式二维条码
符号宽度	版本 S-10:13X；版本 H:134X
符号高度	版本 S-10:9X；版本 H:148X
最大数据容量	2218 个文本字符，3550 个数字或 1478 个字节
定位独立	是
字符自校验	无
错误纠正码词	4～560 个

5）QR Code 条码

① QR Code 条码特点　QR Code 码（图 2-5）是由日本 Denso 公司研制的一种矩阵二维码符号，它除具有一维条码及其它二维条码所有的信息容量大、可靠性高、可表示汉字及图像多种文字信息、保密防伪性强等优点外，还具有以下特点：

图 2-5　QR Code
条码示意

a. 超高速识读：从 QR Code 码的英文名称 Quick Response Code 可以看出，超高速识读特点是 QR Code 码区别于四一七条码、Data Matrix 等二维码的主要特性。在用 CCD 识读 QR Code 码时，整个 QR Code 码符号中信息的读取是通过 QR Code 码符号的位置探测图形，用硬件来实现，因此，信息识读过程所需时间很短。用 CCD 二维条码识读设备，每秒可识读 30 个含有 100 个字符的 QR Code 码符号；对于含有相同数据信息的四一七条码符号，每秒仅能识读 3 个符号；对于 Data Matrix 矩阵码，每秒仅能识读 2～3 个符号。QR Code 码的超高速识读特性使它能够广泛应用于工业自动化生产线管理等领域。

b. 全方位识读：QR Code 码具有全方位（360°）识读特点，这是 QR Code 码优于行排式二维条码如四一七条码的另一主要特点。四一七条码是将一维条码符号在行排高度上的截短来实现的，因此，它很难实现全方位识读，其识读方位角仅为 ±10°。

c. 能够有效地表示中国汉字、日本汉字。QR Code 码用特定的数据压缩模式表示中国汉字和日本汉字，它仅用 13bit 表示一个汉字。而 PDF417 条码、Data Matrix 等二维码没有特定的汉字表示模式，仅用字节表示模式来表示汉字，在用字节模式表示汉字时，需用 16bit（二个字节）表示一个汉字。因此 QR Code 码比其它的二维条码表示汉字的效率提高了 20%。

QR Code 与 Data Matrix 和 PDF417 的比较，见表 2-5。

表 2-5　几种二维码制的比较

项目	QR Code	Data Matrix	PDF 417
研制公司	Denso Corp.（日本）	I. D. Matrix Inc.（美国）	Symbol Technolgies Inc.（美国）
码制分类	矩阵式		堆叠式
识读速度	30 个/每秒	2～3 个/秒	3 个/秒
识读方向	全方位(360°)		±10°
识读方法	深色/浅色模块判别		条空宽度尺寸判别
汉字表示	13bit	16bit	16bit

② 编码字符集

a. 数字型数据（数字 0～9）。

b. 字母数字型数据（数字 0～9；大写字母 A～Z；9 个其他字符：space，$ ，%，* ，+ ，− ，. ，/，:）。

c. 位字节型数据。

d. 日本汉字字符。

e. 中国汉字字符（GB 2312《信息交换用汉字编码字符集　基本集》对应的汉字和非汉

字字符)。

③ QR Code 码符号的基本特性　QR Code 码符号的基本特性见表 2-6。

表 2-6　QR Code 的特性

符号规格	21×21 模块(版本 1)～177×177 模块(版本 40)(每一规格:每边增加 4 个模块)
数据类型与容量(指最大规格符号版本 40-L 级)	• 数字数据:7089 个字符 • 字母数据:4296 个字符 • 8 位字节数据:2953 个字符 • 中国汉字、日本汉字数据:1817 个字符
数据表示方法	深色模块表示二进制"1",浅色模块表示二进制"0"
纠错能力	• L 级:约可纠错 7%的数据码字 • M 级:约可纠错 15%的数据码字 • Q 级:约可纠错 25%的数据码字 • H 级:约可纠错 30%的数据码字
结构链接(可选)	可用 1～16 个 QR Code 码符号表示一组信息
掩模(固有)	可以使符号中深色与浅色模块的比例接近 1∶1,使因相邻模块的排列造成译码困难的可能性降为最小
扩充解释(可选)	这种方式使符号可以表示缺省字符集以外的数据(如阿拉伯字符、古斯拉夫字符、希腊字母等),以及其他解释(如用一定的压缩方式表示的数据)或者对行业特点的需要进行编码
独立定位功能	有

QR Code 码可高效地表示汉字,相同内容,其尺寸小于相同密度的 PDF417 条码。目前市场上的大部分条码打印机都支持 QR Code 条码,其专有的汉字模式更加适合我国应用。因此,QR Code 在我国具有良好的应用前景。

6)龙贝码

龙贝码(LPCode)是具有国际领先水平的全新码制,拥有完全自主知识产权,属于二维矩阵码,由上海龙贝信息科技有限公司开发。

龙贝码与国际上现有的二维条码相比,具有更高的信息密度、更强的加密功能、可以对所有汉字进行编码、适用于各种类型的识读器、最多可使用多达 32 种语言系统、具有多向编码/译码功能、极强的抗畸变性能、可对任意大小及长宽比的二维条码进行编码和译码。

国际上现有的二维条码普遍停留在一维的编码方式上,即只能同时对一种类型、单一长度的数据进行编码。龙贝码是目前唯一能对多种类型、不同长度的数据同时进行结构化编码的二维条码。

龙贝码的特点:

① 允许码型长宽比任意变化。在二维条码的很多实际应用中,由于允许可以打印的空间非常有限,所以不仅要求二维条码有更高的信息密度及更高的信息容量,而且要求二维条码的外形长宽比可调,可以改变二维条码的外形,以适应不同场合的需要。

二维条码最常用的是二维矩阵码,二维矩阵码在编码原理和编码形式上都与一维条码及堆栈码有着本质性的区别。二维矩阵码的信息密度和信息容量也都远大于一维条码及堆栈码。但是,纠错编码算法对二维矩阵码编码信息在编码区域中分配有严格的特殊要求和限制,尤其是在二维条码内还有很多不同性质的功能图形符号(function pattern),这就更增加了编码信息在编码区域中分配的难度。

想不改革传统的规定固定模式的编码信息在编码区域中分配的方法，要任意调节二维条码的外形长宽比这是不可能的，所以目前国际上所有的二维矩阵条码基本上全都是正方形，而且只提供有限的几种不同大小的模式供用户使用，这样大大地限制了二维矩阵条码的应用范围。如 Data Matrix Code、Maxi Code、QR Code 等。

龙贝码提出了一种全新的通用的对编码信息在编码区域中分配算法。不仅能最佳地符合纠错编码算法对矩阵码编码信息在编码区域中分配的特殊要求，大幅度地简化了编码/译码程序，而且首次实现了二维矩阵码对外形比例的任意设定。龙贝码可以对任意大小及长宽比的二维码进行编码和译码，如图 2-6。因此龙贝码在尺寸、形状上有极大的灵活性。

图 2-6　龙贝码示例

② 具有高抗畸变能力和完美的图像恢复功能。

龙贝码采用了全方位同步信息的特殊方式，可以有效地克服对现有二维条码抗畸变能力很差的问题（图 2-7），这些全方位同步信息可有效地用来指导对各种类型畸变的校正和图像的恢复。

透视畸变　　　　　　　　扫描速度变化畸变

图 2-7　龙贝码抗畸变能力示例

码内可以存储 24 位或更高的全天然彩色照片。

条码面积：4.0 厘米＊1.5 厘米＝6.0 厘米^2

照片性质：24 位全天然彩色照片

照片尺寸：128＊128＝16384 像素

照片信息量：24＊16384＝393216 二进制位

信息密度：393216/6.0＝65536.00 二进制

③ 信息的最佳保险箱——龙贝码特殊掩膜加密码。

龙贝码好比是一只保险箱，龙贝码各种特殊复杂的编码/译码算法又好比是保险箱的一把锁，把编码信息牢牢地锁在保险箱内。特殊掩膜加密码又大大增强了龙贝码的加密能力。如特殊掩膜加密码只有一位，它有 0，1 二种状态，好像把编码信息放在一个保险箱内，再把这个保险箱放在另外一个保险箱内。要努力打开二个相同难度的保险箱锁，才可能拿到保险箱内的编码信息。如特殊掩膜加密码有二位，好比把编码信息放在四层保险箱内，特殊掩膜加密码的位数按算术级数增加，保险箱的层数则按几何级数增加。

特殊掩膜加密码有 8960 二进制数位，假设保险箱厚度是 5 厘米，保险箱一层紧贴一层叠加，当叠加到相当于二进制数 8960 位时，最外层的保险箱尺寸比地球围绕太阳运转的轨道直径还要大很多。要打开这么多层天文数字的保险箱是绝对不可能的。用统计学的术语来讲这就是零概率，或不可能事件。

④ 适用多种方式识读。

龙贝码是一种具有全方位同步信息二维条码系统，这是龙贝码不同于其他二维条码的又一重要特征。

条码本身就能提供非常强的同步信息，根本改变了以往二维矩阵条码对识读器系统同步性能要求很高的现状，它是面向各种类型条码识读设备的一种先进的二维矩阵码。

它不仅适用于二维 CCD 识读器，而且它能更方便、更可靠地适用各种类型的、廉价的采用一维 CCD 的条码识读器，甚至适用不采用任何机械式或电子同步控制系统的简易卡槽式及笔式识读器。这样可以降低产品的成本，提高识读器工作可靠性。

7）汉信码

汉信码是由中国物品编码中心（以下简称编码中心）承担的国家重大科技专项《二维条码新研制开发与关键技术标准研究》课题的研究成果，因牵头自主研制，是拥有完全自主知识产权的二维码码制，具有知识产权免费、支持任意语言编码、汉字信息编码能力超强、极强抗污损、抗畸变识读能力、识读速度快、信息密度高、信息容量大、纠错能力强等突出特点，达到国际领先水平。此外，汉信码是我国自主研发的二维码码制，能够在安全性等方面根据应用的不同需求进行相应的扩展，从而满足目前行业应用大众化发展过程中提出的对于安全与自主掌控方面的需求，在大众产品防伪、追溯等领域存在巨大的发展空间。汉信码实现了我国二维码底层技术的后来居上，可在我国多个领域行业实现规模化应用，为我国应用二维码技术提供了可靠的核心技术支撑。

编码中心在完成国家重大标准专项课题的基础上，于 2006 年向国家知识产权局申请了《纠错编码方法》《数据信息的编码方法》《二维条码编码的汉字信息压缩方法》《生成二维条码的方法》《二维条码符号转换为编码信息的方法》《二维条码图形畸变校正的方法》六项技术专利成果，并全部获得国家授权。2007 年，由中国物品编码中心牵头研发的我国第一个拥有完全自主知识产权的国家二维码标准——《汉信码》（GB/T 21049—2007）正式发布。

2021 年，国际标准化组织（ISO）和国际电工委员会（IEC）正式发布汉信码 ISO/IEC 国际标准——ISO/IEC 20830：2021《信息技术　自动识别与数据采集技术汉信码条码符号规范》。该国际标准是中国提出并主导制定的第一个二维码码制国际标准，是我国自动识别与数据采集技术发展的重大突破，填补了我国国际标准制修订领域的空白，彻底解决了我国二维码技术"卡脖子"的难题。2022 年，国家标准《汉信码》GB/T 21049—2022 代替 GB/T 21049—2007，于 2022 年 10 月 1 日实施。从国家标准到国际标准，汉信码的研发历程浓缩了我国二维码技术崛起的历史。

汉信码 ISO/IEC 国际标准的发布，是我国自动识别与数据采集技术领域自主创新的重要里程碑，是"国家标准走出去"战略的成功典范，大大提升了中国在国际二维码技术领域中的话语权，为我国二维码技术发展谱写了辉煌的篇章。

汉信码码图结构见图 2-8。

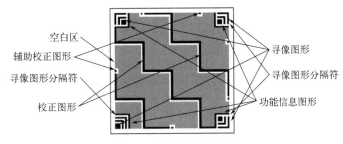

图 2-8　汉信码码图结构

汉信码码制与现有二维条码码制相比较，具有如下特点：

① 知识产权免费。

作为完全自主创新的一种二维码码制，汉信码的六项技术专利成果归编码中心所有。编码中心早在汉信码研发完成时即明确了汉信码专利免费授权使用的基本原则，使用汉信码码制技术没有任何的专利风险与专利陷阱，同时不需要向编码中心以及其他任何单位缴纳专利使用费。

② 汉字编码能力超强。

汉信码是目前唯一一个全面支持我国汉字信息编码强制性国家标准 GB 18030—2005《信息技术信息交换用汉字编码字符集基本集的扩充》的二维码码制，能够表示该标准中规定的全部常用汉字、二字节汉字、四字节汉字，同时支持该标准在未来的扩展。

在汉字信息编码效率方面，对于常用的双字节汉字采用 12 位二进制数表示，在现有的二维条码中表示汉字效率最高。

③ 极强抗污损、抗畸变识读能力。

由于考虑了物流等实际使用环境会给二维条码符号造成污损，同时由于识读角度不垂直、镜头曲面畸变、所贴物品表面凹凸不平等原因，也会造成二维条码符号的畸变。为解决这些问题，汉信码在码图和纠错算法、识读算法方面进行了专门的优化设计，确保汉信码具有极强的抗污损、抗畸变识读能力。现在汉信码能够在倾角 60° 情况下准确识读，能够容忍较大面积的符号污损。因此，汉信码特别适合于在物流等恶劣条件下使用。

④ 识读速度快。

为提高二维条码的识读效率，满足物流、票据等实时应用系统的迫切需求，汉信码在信息编码、纠错编译码、码图设计方面采用了多种技术手段，提高了汉信码的识读速度。目前，汉信码的识读速度比国际上的主流二维条码 Data Matrix（DM）还要高。汉信码在生产线、物流、票据等实时性要求高的领域中广泛应用。

⑤ 信息密度高。

为提高汉信码的信息表示效率，汉信码在码图设计、字符集划分、信息编码等方面充分考虑了这一需求，从而提高了汉信码的信息特别是汉字信息的表示效率。当对大量汉字进行编码时，相同信息内容的汉信码符号面积只是 QR Code 码符号面积的 90%，是 Data Matrix 码符号的 63.7%。因此，汉信码是表示汉字信息的首选码制。

⑥ 信息容量大。

汉信码最多可以表示 7829 个数字、4350 个 ASCII 字符、2174 个汉字、3262 个 8 位字节信息，支持照片、指纹、掌纹、签字、声音、文字等数字化信息的编码。

⑦ 纠错能力强。

根据汉信码自身的特点以及实际应用需求，采用最先进的 Reed-Solomon 纠错算法，设计了四种纠错等级，适应于各种应用情形，最大纠错能力可以达到 30%，在性能上接近并超越现有国际上通行的主流二维条码码制。

⑧ 码制扩展性强。

作为一种自主研发的二维码码制，面对不同的大规模应用和行业应用，可以方便地进行汉信码技术的扩展和升级。例如，为了满足移动商务领域的应用需求，研发的系列微型汉信码和彩色汉信码，以及为了提高安全性，而开发与多种加密算法和协议进行集成的加密汉信码等。

随着汉信码国内和国际标准的制定和发布，汉信码获得了很多设备提供商的技术支持。北洋、SATO 等制造商的某些型号打印机能够实现汉信码的打印输出；新大陆、霍尼韦尔、维深、意锐新创等多家国内外识读设备制造商也都支持汉信码识读。作为国内最早研发汉信码识读设备的企业之一，新大陆相继推出十多款汉信码识读设备，在 2014 年推出全国首款汉信码芯片。这一系列自主知识产权的汉信码相关产品与设备的推出，打破了国外企业对二维条码打印、识读等设备的价格垄断，推动了国内自动识别领域的产业链升级。汉信码已经实现在我国医疗、产品追溯、特殊物资管理等领域的广泛应用，极大地推进和带动了相关领域信息化的发展和我国二维码相关产业的健康发展。

汉信码作为防伪信息的数据载体已经被应用在我国增值税发票和特种行业应用发票上，并以针打的方式实现多联发票上的防伪信息的印制。通过税务局、企业部署的发票验证设备，可实现税源分布、纳税人位置的实时定位、监控和跟踪，税源数据的实时采集、集中存储和管理、实时查询和比对、综合分析和挖掘等功能，可以实时验证发票的真伪，从而有效监控税源，减少税源流失，减少社保资金流失，杜绝了试点地区虚开、重开增值税发票的问题。此外，从 2008 年开始，汉信码被应用于北京、黑龙江等省市的新生儿疾病筛查工作。采用汉信码标签作为信息载体，通过"虚拟"的网络化连接实现了妇幼保健院所与采血单位的信息连接，从而保证两地信息的一致性，不再出现重复性录入信息，避免出现手工录入和重复录入易发生的人为错误，实现了新生儿疾病筛查过程化管理，有效地提高了工作效率。采用汉信码作为水产品产业链中的信息传递媒介，不需要事先建立数据库的支持，信息传递过程中即可通过扫描自动读取相应信息。该项目的实施为汉信码应用推广尤其是在水产品质量追溯应用领域积累了宝贵经验，该项目已经在我国江苏、浙江、天津等多个省市进行推广，并依据该标准制定了水产品质量追溯相关的农业部行业标准。

汉信码作为一种针对我国需求量身定做的二维码，是目前我国技术最先进、生成识读技术最成熟、标准化程度最高、获得国内外支持最多的我国自主知识产权二维码码制。汉信码技术已经成为我国自动识别技术产业创新的平台和基础。

2.2.1.5　一维条码和二维条码的比较

二维条码 [见图 2-9(a)] 除了左右（条宽）的粗细及黑白线条有意义外，上下的条高也有意义。与一维条码 [见图 2-9(b)] 相比，由于左右（条宽）、上下（条高）的线条皆有意义，故可存放的信息量就比较大。

从应用角度讲，要选择适合自身需求的条码。但是这两种条码的侧重点不同：一维条码用于对"物品"进行标识，二维条码用于对"物品"进行描述。具体可参见表 2-7。

(a) 二维条码　　　　　　　　(b) 一维条码

图 2-9　二维条码和一维条码

表 2-7　一维条码和二维条码的比较

类型	信息密度及容量	错误校验及纠错能力	垂直方向是否携带信息	用途	对数据库和通信网络的依赖	识读设备
一维条码	信息密度低,容量小	可通过校验字符进行错误校验,没有纠错能力	不携带信息	对物品标识	多数应用场合依赖数据库及通信网络	线扫描器识读。如光笔、线阵 CCD、激光枪等
二维条码	信息密度高,容量大	具有错误校验和纠错能力,可根据需求设置不同的纠错级别	携带信息	对物品描述	可不依赖数据库及通信网络而单独应用	对于行排列式的可采用线扫描器多次扫描识读,对于矩阵式的仅能用图像扫描器识读

2.2.1.6　条码的生成

条码是代码的图形化表示,其生成技术涉及从代码到图形的转化技术以及相关的印制技术。条码的生成过程是条码技术应用中一个相当重要的环节,直接决定着条码的质量。条码的生成过程如图 2-10 所示。

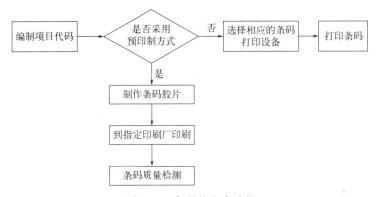

图 2-10　条码的生成过程

条码生成的第一步就是为标识项目编制一个代码,在代码确定以后,应根据具体情况来确定采用预印制方式还是现场印制方式来生成条码。当印刷批量很大时,一般采用预印制方式;如果印刷批量不大或代码内容是逐一变化的,可采用现场印制的方式。当项目代码确定以后,可采用条码生成软件生成条码。需要生成条码的厂商可以自行编制条码的生成软件,也可选购商业化的编码软件,以便更加迅速、准确地完成条码的图形化编辑。

在条码印刷过程中,一个重要的考虑因素就是条码颜色的设计。条码识读器是通过条码符号中条、空对光反射率的对比来实现识读的,要求条与空的颜色反差越大越好。不同颜色对光的反射率不同。一般来说,浅色的反射率较高,可作为空(即条码符号)的底色,如白色、黄色、橙色等；深色的反射率较低，可作为条色，如黑色、深蓝色、深绿色、深棕色等。白色作空、黑色作条是较理想的颜色搭配。

2.2.1.7　条码的识读

条码识读的基本工作原理为：由光源发出的光线经过光学系统照射到条码符号上面，被反射回来的光经过光学系统成像在光电转换器上，使之产生电信号，信号经过电路放大后产生一模拟电压，它与照射到条码符号上被反射回来的光成正比，再经过滤波、整形，形成与模拟信号对应的方波信号，经译码器翻译为计算机可以直接接收的数字信号。

不同颜色的物体，其反射的可见光的波长不同，白色物体能反射各种波长的可见光，黑色物体则吸收各种波长的可见光，所以当条码扫描器光源发出的光经光阑及凸透镜 1 后，照射到黑白相间的条码上时，反射光经凸透镜 2 聚焦后，照射到光电转换器上，于是光电转换器接收到与白条和黑条相应的强弱不同的反射光信号，并转换成相应的电信号输出到放大整形电路。

由于白条、黑条的宽度不同，相应的电信号持续时间长短也不同。但是，由光电转换器输出的与条码的条和空相应的电信号一般仅 10mV 左右，不能直接使用，因此先要将光电转换器输出的电信号送放大器放大。放大后的电信号仍然是一个模拟电信号，为了避免条码中的疵点和污点导致错误信号，在放大电路后需加一整形电路，把模拟电信号转换成数字电信号，以便计算机系统能准确判读。

整形电路的脉冲数字信号经译码器译成数字、字符信息。它通过识别起始、终止字符来判别条码符号的码制及扫描方向，通过测量脉冲数字电信号 0、1 的数目来判别条和空的数目，通过测量 0、1 信号持续的时间来判别条和空的宽度。这样便得到了被识读的条码符号的条和空的数目及相应的宽度和所用码制，根据码制所对应的编码规则，便可将条形符号换成相应的数字、字符信息。通过接口电路送给计算机系统进行数据处理与管理，便完成了条码识读的全过程。具体流程见图 2-11。

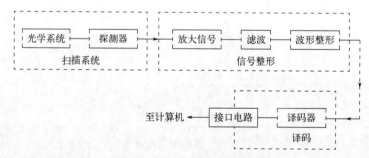

图 2-11　条码识读系统的组成

条码识读是将条码所表示的信息采集到计算机系统的过程，由条码识读设备来完成。条码识读设备由条码扫描器和译码器两部分组成。现在绝大部分条码识读设备都将扫描器和译码器集成为一体。人们根据不同的用途和需要设计了各种类型的扫描器。条码识读设备从操作方式上可分为手持式和固定式两种条码扫描器，见图 2-12 和图 2-13。手持式条码扫描器应用于许多领域，这类条码扫描器特别适用于条码尺寸多样、识读场合复杂、条码形状不规整的应用场合。在这类扫描器中有光笔、激光枪、手持式全向扫描器、手持式 CCD 扫描器和手持式图像扫描器。固定式条码扫描器扫描识读不用人手把持，适用于省力、人手劳动强度大（如超市的扫描结算台）或无人操作的自动识别应用。固定式条码扫描器有卡槽式扫描器、固定式单线扫描器、单方向多线式（栅栏式）扫描器、固定式全向扫描器和固定式CCD扫描器。

图 2-12　手持式条码扫描器　　　　图 2-13　固定式条码扫描器

条码扫描器从原理上可分为光笔、CCD、激光和拍摄四类条码扫描器。光笔与卡槽式条码扫描器只能识读一维条码。激光条码扫描器只能识读行排式二维条码（如 PDF417 码）和一维条码。图像式条码识读器可以识读常用的一维条码，还能识读行排式和矩阵式二维条码。

条码扫描器从扫描方向上可分为单向和全向条码扫描器。其中全向条码扫描器又分为平台式和悬挂式。把条码识读设备和具有数据存储、处理、通信传输功能的手持数据终端设备结合在一起的设备称为数据采集器，当人们强调数据处理功能时，往往简称为数据终端。它具备实时采集、自动存储、即时显示、即时反馈、自动处理、自动传输功能。它实际上是移动式数据处理终端和某一类型的条码扫描器的集合体。数据采集器的应用为现场数据的真实性、有效性、实时性、可用性提供了保证。

数据采集器按处理方式分为两类：在线式数据采集器和批处理式数据采集器。数据采集器按产品性能分为：手持终端、无线型手持终端、无线掌上电脑、无线网络设备。

二维条码的阅读设备依阅读原理的不同可分为：

① 线性 CCD 和线性图像式阅读器（linear imager）　可阅读一维条码和线性堆叠式二维条码（如 PDF417），在阅读二维码时需要沿条码的垂直方向扫过整个条码，称为"扫动式阅读"。

② 带光栅的激光阅读器　可阅读一维条码和线性堆叠式二维条码。阅读二维条码技术时将光线对准条码，由光栅元件完成垂直扫描，不需要手工扫动。

③ 图像式阅读器（image reader）　采用面阵 CCD 摄像方式将条码图像摄取后进行分析和解码，可阅读一维条码和所有类型的二维条码。

2.2.2　射频识别技术

射频识别（radio frequency identification，RFID）技术是 20 世纪 90 年代开始兴起的一种非接触式的自动识别技术，是一项利用射频信号通过空间耦合（交变磁场或电磁场）实现无接触信息传递并通过所传递的信息达到识别目的的技术。它通过射频信号自动识别目标对象并获取相关数据，识别工作无须人工干预，可工作于各种恶劣环境。RFID 技术可识别高速运动物体并可同时识别多个标签，操作快捷方便。短距离射频产品不怕油渍、灰尘污染等恶劣的环境，可在这样的环境中替代条码，例如用在工厂的流水线上跟踪物体。长距离射频产品多用于交通上，识别距离可达几十米，如自动收费或车辆身份识别等。与其他自动识别技术一样，RFID 也是由信息载体和信息获取装置组成的。其中信息载体是射频标签，信息获取装置为射频阅读器。射频标签和射频阅读器之间利用感应、无线电波或微波进行非接触双向通信，实现数据交换，从而达到识别的目的。RFID 的应用非常广泛，典型应用有动物晶片、汽车晶片防盗器、门禁管制、停车场管制、生产线自动化、物料管理。

2.2.2.1 RFID 系统

RFID 系统通常由射频标签、阅读器和计算机网络系统几部分组成（图 2-14）。射频标签是射频识别系统中存储可识别数据的电子装置。阅读器是将标签中的信息读出，或将标签所需要存储的信息写入标签的装置。计算机网络系统是对数据进行管理和通信传输的设备。

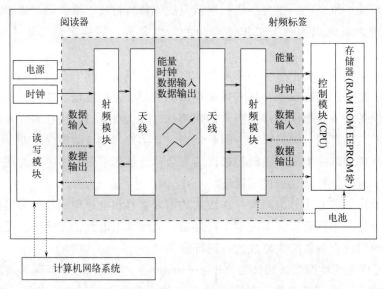

图 2-14　射频识别系统的构成

（1）射频标签

射频标签通常安装在被识别对象上，存储被识别对象的相关信息。标签存储器中的信息可由阅读器进行非接触读/写。标签可以是"卡"，也可以是其他形式的装置。非接触式 IC 卡中的远耦合识别卡即属于射频标签。

1）射频标签的构成

射频标签一般由调制器、编码发生器、时钟、存储器及天线组成。时钟把所用电路功能时序化，以使存储器中的数据在静区的时间内传输至阅读器。存储器中的数据是应用系统规定的唯一性编码。标签安装在识别对象上，数据读出时，编码发生器把存储器中存储的数据编码。调制器接收编码发生器编码后的信息，并通过天线电路将此信息发射、反射至阅读器。数据写入时，由控制器控制，将天线接收到的信息解码后写入存储器。防盗射频标签见图 2-15。

2）射频标签的分类

射频标签有多种分类方式。

根据射频标签工作方式分为主动式、被动式和半被动式三种类型。含有电源，用自身的射频能量主动发射数据给阅读器的标签是主动式标签。由阅读器发出的查询信号触发后进入通信状态的标签称为被动式标签。被动式标签通信能量从阅读器发射的电磁波中

图 2-15　防盗射频标签

获得，它既有不含电源的标签，也有含电源的标签。含有电源的标签，电源只为芯片运转提供能量，也有人把这样的标签称为半被动式标签。

根据射频标签读写方式可以分为只读型标签和读写型标签两种类型。在识别过程中，内容只能读出不可写入的标签是只读型标签。只读型标签所具有的存储器是只读型存储器。只读型标签又可分以下三种：

① 只读标签。只读标签的内容在标签出厂时已被写入，识别时只可读出，不可再改写。存储器一般由 ROM 组成。

② 一次性编程只读标签。标签的内容只可在应用前一次性编程写入，识别过程中标签内容不可改写。一次性编程只读标签的存储器一般由 PROM、PAL 组成。

③ 可重复编程只读标签。标签内容经擦除后可重新编程写入，识别过程中标签内容不可改写。可重复编程只读标签的存储器一般由 EPROM 或 GAL 组成。

识别过程中，标签的内容既可被阅读器读出，又可由阅读器写入的标签是读写型标签。读写型标签可以只具有读写型存储器（如 RAM 或 EEROM），也可以同时具有读写型存储器和只读型存储器。读写型标签应用过程中数据是双向传输的。

根据射频标签有无电源可分为无源标签和有源标签两种类型。标签中不含电池的称为无源标签。无源标签工作时一般距阅读器的天线比较近，无源标签使用寿命长。标签中含有电池的称为有源标签。有源标签工作时距阅读器的天线的距离较无源标签要远，有源标签需定期更换电池。

根据射频标签的工作频率可分为低频标签、超高频（UHF）标签和微波标签三种类型。工作频率在 500kHz 以下的标签称为低频标签，如动物识别标签、行李识别标签等。工作频率在 500kHz 到 1GHz 的标签称为超高频（UHF）标签，如电子门票门禁控制标签等。工作频率在 1GHz 以上的标签称为微波标签，如集装箱自动识别用标签、高速公路不停车收费用标签等。

根据射频标签的工作距离可分为远程标签、近程标签、超近程标签三种类型。工作距离在 100cm 以上的标签称为远程标签。工作距离在 10～100cm 的标签称为近程标签。工作距离在 0.2～10cm 的标签称为超近程标签。

（2）射频阅读器

射频阅读器是利用射频技术读取标签信息或将信息写入标签的设备。阅读器读出的标签信息通过计算机及网络系统进行管理和传输。射频阅读器一般由天线、射频模块、读写模块组成，见图 2-16。天线是发射和接收射频载波信号的设备。在确定的工作频率和带宽条件下，天线发射由射频模块产生的射频载波，接收从标签发射或反射回来的射频载波。射频模块由射频振荡器、射频处理器、射频接收器及前置放大器组成。射频模块口发射和接收射频

载波。射频载波信号由射频振荡器产生并被射频处理器放大。该射频载波通过天线发射。射频模块将天线接收的从标签发射、反射回来的载波解调后传给读写模块。读写模块一般由放大器、编解码及错误校验电路、微处理器、实时时钟电路、存储器、标准接口及电源组成。它可以接收射频模块传输的信号，解码后获得标签内信息；或将要写入标签的信息编码后传输给射频模块，完成写标签操作；还可以通过标准接口将标签内容和其他信息传给计算机。射频识别系统的读写距离是一个关键参数。目前，长距离射频识别系统的价格贵，因此寻找提高其读写距离的方法十分重要。影响射频卡读写距离的因素包括天线工作频率、阅读器的RF输出功率、阅读器的接收灵敏度、射频卡的功耗、天线及谐振电路的0值天线方向、阅读器和射频卡的耦合度，以及射频卡本身获得的能量及发送信息的能量等。大多数系统的读取距离和写入距离是不同的，写入距离大约是读取距离的40%～80%。

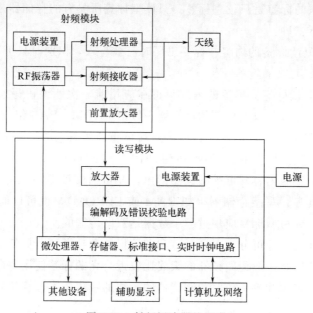

图 2-16   射频阅读器的组成

2.2.2.2   射频识别技术的工作原理

RFID技术的基本工作原理并不复杂，标签进入阅读器后，阅读器发射一特定频率的无线电波能量，标签接收阅读器发出的射频信号，凭借感应电流所获得的能量发送出存储在芯片中的产品信息（passive tag，无源标签或被动式标签），或者由标签主动发送某一频率的信号（active tag，有源标签或主动式标签），阅读器读取信息并解码后，送至中央信息系统进行有关数据处理。以RFID卡片阅读器及电子标签之间的通信及能量感应方式来看大致上可以分成：感应耦合及后向散射耦合两种。一般低频的RFID大都采用第一种方式，而较高频大多采用第二种方式。

电子标签又称为射频标签、应答器、数据载体；阅读器又称为读出装置、扫描器、读头、通信器、读写器（取决于电子标签是否可以无线改写数据）。电子标签与阅读器之间通过耦合元件实现射频信号的空间（无接触）耦合；在耦合通道内，根据时序关系，实现能量的传递和数据的交换。在射频识别系统的工作过程中，始终以能量为基础，通过一定的时序方式来实现数据的交换。因此，在RFID工作的空间通道中存在三种事件模型：以能量提供为基础的事件模型，以时序方式实现数据交换的实现形式事件模型，以数据交换为目的的事件模型。

2.2.2.3 RFID 的特点

RFID 是一项易于操控、简单实用且特别适合用于自动化控制的灵活性应用技术，其所具备的独特优越性是其他识别技术无法企及的。它既可支持只读工作模式也可支持读写工作模式，且无需接触或瞄准；可自由工作在各种恶劣环境下；可进行高度的数据集成。另外，由于该技术很难被仿冒、侵入，使 RFID 具备了极高的安全防护能力。

和传统条码识别技术相比，RFID 有以下优势：

① 快速扫描。条码一次只能有一个条码受到扫描，RFID 辨识器可同时辨识读取多个 RFID 标签。RFID 系统的读写速度极快，一次典型的 RFID 传输过程通常不到 100 毫秒。高频段的 RFID 阅读器甚至可以同时识别、读取多个标签的内容，极大地提高了信息传输效率。

② 体积小型化、形状多样化。RFID 在读取上并不受尺寸大小与形状限制，不需为了读取精确度而配合纸张的固定尺寸和印刷品质。此外，RFID 标签更可往小型化与多样形态发展，以应用于不同产品。

③ 抗污染能力和耐久性。传统条码的载体是纸张，因此容易受到污染，但 RFID 对水、油和化学药品等物质具有很强抵抗性。此外，条码是附于塑料袋或外包装纸箱上，所以特别容易受到损坏；RFID 卷标是将数据存在芯片中，因此可以免受污损。

④ 可重复使用。条码印刷上去之后就无法更改，RFID 标签则可以重复地新增、修改、删除 RFID 卷标内储存的数据，方便信息的更新。

⑤ 穿透性和无屏障阅读。RFID 技术依靠电磁波，并不需要连接双方的物理接触，这使得它能够在被覆盖的情况下，能够无视尘、雾、塑料、纸张、木材以及各种障碍物建立连接，直接完成通信。而条码扫描机必须在近距离而且没有物体阻挡的情况下，才可以辨读条码。

⑥ 数据的记忆容量大。一维条码的容量是 50 字符，二维条码最大的容量可储存 2000～3000 字符，RFID 最大的容量则有数兆个字符。随着记忆载体的发展，数据容量也有不断扩大的趋势。未来物品所需携带的资料量会越来越大，对卷标所能扩充容量的需求也相应增加。

⑦ 安全性。RFID 承载的是电子式信息，其数据内容可经由密码保护，使其内容不易被伪造及变造。

射频识别技术不一定比条码技术"好"，它们是两种不同的技术，有不同的适用范围，也会有重叠。两者的最大区别是：条码是"可视技术"，扫描仪在人的指导下工作，只能接收视野范围内的条码；射频识别技术不要求看见目标，射频标签只要在接收器的作用范围内就可以被读取。两者的具体功能比较如表 2-8。

表 2-8　条码技术与射频识别技术功能比较

功能	条码技术	射频识别技术
读取数量	一次一个	一次多个
读取方式	直视标签，读取时需要光线	无需特定方向和光线

功能	条码技术	射频识别技术
读取距离	约 50cm	1～10m(依据频率和功率而定)
数据容量	储存数据的容量小	储存数据的容量大
读写能力	条码数据不可更新	电子数据可以反复被覆写(R/W)
读取方便性	读取时须清楚可读	标签隐藏于包装内同样可读
数据正确性	人工读取,增加疏失机会	可自动读取数据以达追踪与保全
抗污性	条码污染,则无法读取信息	表面污损不影响数据读取
不正当复制	方便容易	非常困难
读取速度	读取数据将限制移动速度	能高速读取资料

条码成本较低,有完善的标准体系,已在全球使用,已经被普遍接受。总体来看,射频识别技术只被局限在有限的市场份额之内。目前,多种条码控制模板已经在使用之中。在获取信息渠道方面,射频也有不同的标准。由于组成部分不同,智能标签要比条码贵得多。条码的成本就是条码纸张和油墨成本,而有内存芯片的主动射频标签的成本在 2 美元以上,被动射频标签的成本也在 1 美元以上。但是,没有内置芯片的标签价格只有几美分,它可以用于对数据信息要求不那么高的情况,同时又具有条码不具备的防伪功能。

2.2.2.4　射频识别系统的分类

（1）根据 RFID 系统完成的功能不同分类

根据 RFID 系统完成的功能不同,可以粗略地把 RFID 系统分成四种类型:电子物品监视（electronic article surveillance，EAS）系统、便携式数据采集系统、物流控制系统、定位系统。

（2）按电子标签的工作频率不同分类

RFID 系统依据电子标签的工作频率差异,细分为低频（LF）、高频（HF）、超高频（UHF）及微波（MW）四大类别。低频 RFID,工作频率集中在 125kHz 至 134kHz,偶可扩展至 30kHz 至 300kHz,擅长短距离、低速、小数据量的识别任务,如门禁与动物追踪,其穿透力强劲但读取速度与距离受限。高频 RFID 则围绕 13.56MHz 运作,常见于门禁、公交卡及电子钱包,其读取速度较快,距离适中,且能有效抵御金属干扰。超高频 RFID,工作频段多为 860MHz 至 960MHz（地区差异）,部分定义扩展至 300MHz 至 1GHz,广泛应用于物流追踪与仓库管理,以其远距离、高速读取及多标签同时识别能力显著提升工作效率。至于微波 RFID,则聚焦于 2.4GHz 或 5.8GHz 等频段,专为远距离、高速移动场景设计,如高速公路 ETC 与车辆管理,其读取距离更远,但伴随较高的技术门槛与成本。综上所述,这四大类 RFID 系统各具特色,适应不同应用需求,为各行各业提供了灵活高效的自动识别解决方案。

（3）按电子标签的供电形式分类

根据电子标签内是否装有电池为其供电,可将其分为有源 RFID 系统、无源 RFID 系统与半有源 RFID 系统三大类。

（4）根据标签的数据调制方式分类

根据调制方式的不同可分为主动式、被动式和半被动式。

（5）按电子标签的可读写性分类

根据电子标签内部使用存储器类型的不同可分成三种：可读写卡、一次写入多次读出卡和只读卡。

（6）按照电子标签中存储器数据存储能力分类

根据标签中存储器数据存储能力的不同，可以把标签分成仅用于标识目的的标识标签与便携式数据文件两种。

2.2.2.5　射频识别技术标准

国际上 RFID 存在两个技术标准阵营：一个是美国麻省理工学院的 Auto-ID Center，另一个是日本的 Ubiquitous ID Center（UID）。Auto-ID Center 由美国的 EPC（电子产品代码）环球协会领导组织，该协会由沃尔玛集团等 100 多家欧美的零售流通企业构成，同时有 IBM、微软、飞利浦、Auto-ID Lab 等公司提供技术研究支持。UID 主要由日系厂商组成，该识别中心实际上就是有关电子标签的标准化组织，提出了 UID 编码体系。

中国的 RFID 技术标准由中国电子标签国家标准工作组制定，主要分为以下四大类：

① 技术标准（如符号、射频识别技术、IC 卡标准等），定义了应该如何设计不同种类的硬件和软件。这些标准提供了读写器和电子标签之间通信的细节、模拟信号的调制、数据信号的编码、读写器的命令及标签的响应；定义了读写器和主机系统之间的接口；定义了数据的语法、结构和内容。常用的 RFID 技术标准有 ISO 18000 和 EPC Gen2。ISO 18000 定义了询问者与标签之间在不同频率上的空中接口标准；EPC Gen2 定义了频率在 860～890MHz 之间的空中接口标准。

② 数据内容标准（如编码格式、语法标准等），定义了从电子标签输出的数据流的含义，提供了数据可在应用系统中表达的指导方法，详细说明了应用系统和标签传输数据的指令；提供了数据标识符、应用标识符和数据语法的细节。常用的 RFID 数据内容标准有 ISO/IEC 15424、ISO/IEC 15418、ISO/IEC 15434、ISO/IEC 15459、ISO/IEC 24721。

③ 一致性标准（如印刷质量、测试规范等标准），定义了电子标签和读写器是否遵循某个特定标准的测试方法。常用的 RFID 一致性标准有 ISO/IEC 18046 和 ISO/IEC 18047，分别定义了 RFID 设备性能测试方法和设备一致性测试方法。

④ 应用标准（如船运标签、产品包装标准等），定义了实现某个特定应用的技术方法。例如，集装箱装箱识别系统，RFID 标签贴标的位置；提供标签、产品封装和编号方式的详细资料。常用的 RFID 应用标准有 ISO 10374（货物集装箱标准）、ISO 18185（货运集装箱的电子封条的射频通信协议）、ISO 11784（动物的无线射频识别-编码结构）。

2.2.2.6　射频识别技术优缺点

就其外在表现形式来讲，射频识别技术的载体一般都要具有防水、防磁、耐高温等特点，保证射频识别技术在应用时具有稳定性。就其使用来讲，射频识别在实时更新资料、存储信息量、使用寿命、工作效率、安全性等方面都具有优势。射频识别能够在减少人力物力财力的前提下，更便利地更新现有的资料，使工作更加便捷；射频识别技术依据电脑等对信息进行存储，最大可达数兆字节，可存储信息量大，保证工作的顺利进行；射频识别技术的使用寿命长，只要工作人员在使用时注意保护，它就可以进行重复使用；射频识别技术改变了从前对信息处理的不便捷，实现了多目标同时被识别，大大提高了工作效率；射频识别同时设有密码保护，不易被伪造，安全性较高。与射频识别技术相类似的技术是传统的条码技术，传统的条码技术在更新资料、存储信息量、使用寿命、工作效率、安全性等方面都较射频识别技术差，不能够很好地适应我国当前社会发展的需求，也难以满足产业以及相关领域的需要。

出现时间较短，在技术上还不是非常成熟。①由于超高频 RFID 电子标签具有反向反射性特点，使得其在金属、液体等商品中应用比较困难。②成本高，RFID 电子标签相对于普通条码标签价格较高，为普通条码标签的几十倍，如果使用量大的话，就会造成成本太高，在很大程度上降低了市场使用 RFID 技术的积极性。③安全性不够强，RFID 技术面临的安全性问题主要表现为 RFID 电子标签信息被非法读取和恶意篡改。RFID 还会带来个人隐私泄露问题。将 RFID 标签贴到单个产品上，当顾客带着商品离开超市后，零售商仍然能够追踪到产品的去向。部分消费者认为可跟踪个人购买习惯的 RFID 标签是对其隐私的侵犯，这也导致了消费者对电子标签的拒绝使用。企业由于消费者个人购物和消费的隐私被"跟踪"而被投诉也会造成商业损失风险。④技术标准不统一，世界各国制定了许多 RFID 标准，但仍缺乏一个有关食品追溯的统一的国际标准，这给食品出口造成了极大的困难。如果物品编码信息不统一，又或者整个链上的频段不统一，势必给读写、查询、跟踪及回溯带来很大的不便，甚至无法享受到 RFID 带来的任何便利。

2.3　产地溯源技术

食品产地溯源指从终产品（或中间产品）一步追溯到"源头"，包括产地或产地的某一个单元。可追溯单元的大小和规模取决于食品原料种类和种养殖情况。一般而言，对植物源性食品，可追溯到一个基地或一个区域；对动物源性食品，可追溯到大型动物的个体或小型动物的群或养殖基地。食品溯源体系建立及应用对保障食品安全、增强消费者信心具有重要意义。食品产地溯源是食品溯源体系的重要组成部分，它有利于实施食品原产地保护战略，保护名牌，保护特色产品，稳定市场秩序，并在食源性疾病暴发时，能较准确地定位其发生的区域和范围，采取有效应急措施，遏制食源性病原菌的扩散，建立食品快速召回体系。

同一种食品的原料，由于产地的环境不同和生产方式不同，其物理特性、化学组成、遗传基础存在或多或少的差异，即形成不同产地的"指纹"，这是食品产地溯源的基础。食品产地溯源技术的基本原理是根据食品的特点及其产地分布，通过代表性、典型性和极端性取样，测定可能表征食品产地特性的物理指标、化学指标和生物性指标等，借助主成分分析、判别分析、聚类分析等统计手段，筛选和确定表征不同食品产地的特征性指标，初步建立食品产地溯源模型。在此前提下，扩大取样数量，对初步食品产地溯源模型进行修正，确定食品产地溯源的特征指纹图谱，包括同位素指纹图谱、红外光谱指纹图谱、化学组成指纹图谱、微生物指纹图谱等，建立食品产地特征指纹图谱数据库。对于一个未知产地的食品，测定其相应的特征性指标值，通过产地溯源模型计算，可判别该食品的产地。

2.3.1 稳定性同位素技术

在自然界，同一个元素具有多种核素，它们的化学性质几乎相同，核素的质子数相同，但中子数（或质量数）不同，这些具有相同质子数、不同中子数的核素互称为同位素。如碳元素具有 ^{11}C、^{12}C、^{13}C、^{14}C 和 ^{15}C 五种同位素，质子数均为 6，中子数分别为 5、6、7、8 和 9。根据是否具有放射性分为放射性同位素和非放射性同位素。如 ^{11}C、^{14}C 和 ^{15}C 为放射性同位素，^{12}C 和 ^{13}C 为非放射性同位素。放射性同位素在食品科学中的应用已经进行了大量的研究，非放射性同位素也称稳定性同位素，近年来在农业与食品科学中已被广泛应用。

稳定性同位素是一种无辐射示踪物，具有非破坏性整合的特征，可以用来研究植物现在和过去如何与生物和非生物环境相互作用。在植物生理生态学方面，植物种类不同，对生境中的稳定性同位素吸收有差异；不同气候区不同纬度、不同地理条件（内陆与沿海），植物对稳定性同位素的吸收也有差异。稳定性同位素（^2H、^{13}C、^{15}N 和 ^{18}O），植物中氢、氧稳定性同位素比例主要受降雨以及灌溉水的影响，降水受同位素大气分馏的影响；植物中碳稳定性同位素比例受植物种类、气候条件和农艺措施的影响；植物中氮稳定性同位素比例受植物种类、土壤条件和肥料种类的影响。在生态系统生态学方面，稳定性同位素技术可用来研究生态系统的气体交换、生态系统功能及对全球变化的响应等。在动物生态学方面，稳定性同位素已广泛应用于区分动物的食物来源、食物链、食物网和群落结构以及动物的迁移活动等。

稳定性同位素技术因为其特有的优点，在地质、医学、环境科学中很早就得到研究和应用。近几年来，稳定性同位素已广泛应用于农产品溯源体系。其基本前提是自然界中同位素的分馏作用。同位素分馏是自然界中指由物理、化学以及生物作用所造成的某一元素的同位素在两种物质或两种物相间分配上的差异现象。引起同位素分馏的主要机制有两种。第一种是同位素交换反应，是不同化合物之间、不同相之间或单个分子之间发生同位素分配变化的反应，是可逆反应。反应前后的分子数、化学组分不变，只是同位素浓度在分子组分间重新分配。第二种是同位素动力学效应，是指物理或化学反应过程中同位素质量不同所引起的反应速率的差异。在不可逆反应中，结果总是导致轻同位素在反应产物中富集。同位素比值（R）为某一元素的重同位素丰度与轻同位素丰度之比，例如 D/H、$^{13}C/^{12}C$、$^{15}N/^{14}N$、$^{18}O/^{16}O$、$^{34}S/^{32}S$ 等。由于自然界中轻同位素的相对丰度很高，而重同位素的相对丰度很低，R 值就很低且很冗长繁琐不便于比较，故在实际工作中采用了样品的 δ 值来表示样品的同位素比值。样品（sq）的同位素比值 R_{sq} 与一标准物质（st）的同位素比值 R_{st} 比较，比较结果称为样品的 δ 值，其定义为：

$$\delta(‰) = (R_{sq}/R_{st} - 1) \times 1000$$

即样品的同位素比值相对于标准物质同位素比值的千分之差。

对同位素标准物质的要求：组成均一、性质稳定；数量较多，以便长期使用；化学制备和同位素测量的手续简便；大致为天然同位素比值变化范围的中值，以便用于绝大多数样品的测定，可以作为世界范围的零点。

2.3.1.1 氢稳定性同位素

氢，原子质量单位为 1.00782503207，自然界中其同位素分别是气、氘和氚（^1H、^2H、

^{3}H)。氢原子核只有一个质子，丰度达 99.99%，是构造最简单的原子，在自然界中非常稳定，其半衰期大于 $2.8×10^{23}$ 年；氘为氢的一种稳定形态同位素，原子质量单位为 2.0141017778，也被称为重氢，它的原子核由一颗质子和一颗中子组成；氚是氢的同位素之一，亦称超重氢，原子质量单位为 3.0160492777，它的原子核由一颗质子和两颗中子组成，并带有放射性，会发生 β 衰变，形成质量数为 3 的氦，其半衰期为 12.32 年，自然界中氚存在量极微，从核反应制得。表 2-9 为氢同位素的物理特性。氢同位素分析结果均以标准平均大洋水（standard mean ocean water，SMOW）为标准报道，D/H SMOW=(155.76±0.10)×10^{-6}。图 2-17 所示为天然物质氘同位素含量图（Holden，2004）。

表 2-9　氢同位素的物理特性

符号	质子数	中子数	原子质量单位	半衰期	原子核自旋	丰度	丰度的变化率
^{1}H	1	0	1.00782503207	稳定（>$2.8×10^{23}$ 年）	1/2+	0.999885	0.999816~0.999974
^{2}H	1	1	2.0141017778	稳定	1+	0.000115	0.000026~0.000184
^{3}H	1	2	3.0160492777	12.32 年	1/2+		

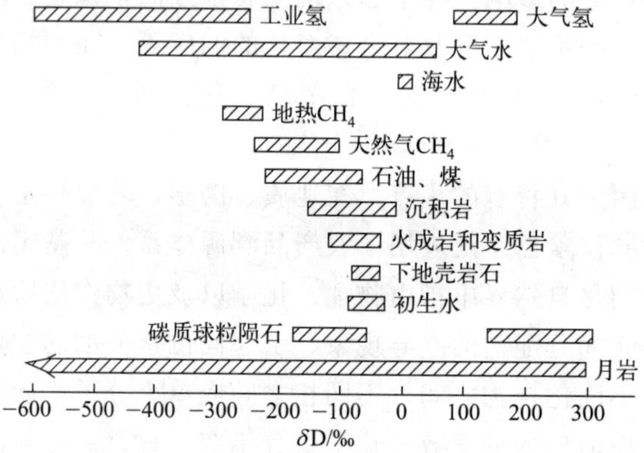

图 2-17　天然含氢物质的 δD 值

　　自然界水在蒸发和冷凝过程中，由于构成水分子的氢同位素的物理化学性质不同，引起不同水体中同位素组成的变化，处于水循环系统中不同的水体，因成因不同而具有自己特征同位素组成，即富集不同的重同位素氢（^{2}H），就形成不同环境中水体同位素的"痕迹"。在大气降水过程中，水分子经过反复多次的蒸发，产生凝聚分馏作用，使内陆及高纬度区的雨、雪集中了最轻的水，而在低纬度大洋中出现最重的降水。内陆蒸发盆地水因过度的蒸发-凝聚分馏而加重。

　　氢同位素应用在食品溯源中，尤其是应用到植物源性食品的产地溯源中。近年来氢同位素也用来进行动物源性食品的产地溯源研究。郭波莉等测定了我国不同地域来源脱脂牛肉中氢同位素比率，评价稳定性氢同位素用于牛肉产地溯源的可行性。结果表明，不同地域来源牛组织中 $δ^2$H 值的差异显著，其与当地饮水中氢同位素组成密切相关，而且有随着地理纬度增加而减小的趋势。由此说明稳定性氢同位素是用于牛肉产地溯源的一项很有潜力的指标。孙淑敏等测定了来自内蒙古自治区锡林郭勒盟、阿拉善盟和呼伦贝尔市 3 个牧区，重庆市和山东省菏泽市 2 个农区脱脂羊肉中的 $δ^2$H 值，探讨稳定性氢同位素组成的地域特征及其变化规律；结合 C、N 同位素指标，采用聚类分析及判别分析，进一步了解氢同位素在羊肉产地来源判别中的作用。结果表明，不同地域来源羊肉中的 δ^2H 值具有显著性差异，其 δ^2H 值主要与当地饮水中的 δ^2H 值高度相关。判别分析结果表明，δ^2H 值可使 $\delta^{13}C$、$\delta^{15}N$ 指标对羊肉产地的正确判别率由 80.8% 提高到 88.9%。稳定性氢同位素能够提供可靠的地域信息，可作为追溯和鉴定羊肉产地来源的一项有效指标。

2.3.1.2 氧稳定性同位素

氧在自然界中有 3 个稳定性同位素 ^{16}O、^{17}O 和 ^{18}O，它们的丰度分别为 99.762%、0.038% 和 0.200%。^{16}O 原子质量单位为 15.99491461956，原子核由 8 个质子和 8 个中子组成；^{17}O 原子质量单位为 16.99913170，原子核由 8 个质子和 9 个中子组成；^{18}O 原子质量单位为 17.9991610，原子核由 8 个质子和 10 个中子组成。

大气水的 $\delta^{18}O$ 变化范围最大，为 +10‰~-55‰；极地雪的 $\delta^{18}O$ 最低；大气二氧化碳的 $\delta^{18}O$ 最高，可达 +41‰。含氧矿物在自然界分布相当广泛。主要造岩矿物的 $\delta^{18}O$ 变化具有明显的顺序性，与岩浆结晶分异顺序一致，即由孤立岛状四面体的橄榄石到链状辉石、层状云母和架状的长石、石英，$\delta^{18}O$ 依次增高，这主要与矿物的晶体化学性质有关。根据同位素分馏理论，硅酸盐矿物中阳离子与氧的结合键愈短，键力愈强，振动频率愈高，则 ^{18}O 愈富。石英中 Si-O 键在硅酸盐结构中是最强的。此外，与温度有关，因为超基性、基性原始岩浆处于很高温度状态，同位素分馏作用减弱，随岩浆温度的降低，同位素分馏作用增强，岩浆中 ^{18}O 含量相对增高。因此，从超基性岩到酸性岩 $\delta^{18}O$ 明显增高，其变化范围为 5‰~13‰。对于非正常火成岩，则须考虑岩浆或固结岩石与周围物质间的相互作用。沉积岩的 $\delta^{18}O$ 变化范围大，为 10‰~36‰。其中砂岩的 $\delta^{18}O$ 最低，为 10‰~16‰；页岩其次，为 14‰~19‰；石灰岩最高，为 22‰~36‰。变质岩的 $\delta^{18}O$ 一般介于火成岩和沉积岩之间，为 6‰~25‰。变质岩的氧同位素组成可提供有关原岩性质、变质温度、变质流体的来源和同位素交换程度等方面的信息。图 2-18 是天然含氧物质的 $\delta^{18}O$ 值。

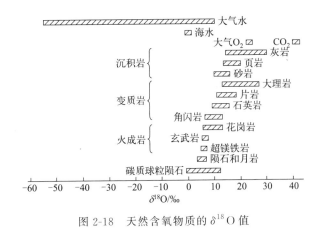

图 2-18 天然含氧物质的 $\delta^{18}O$ 值

氧同位素的稳定性决定了它的应用前景非常广泛，由于其应用领域越来越广，相应作为示踪剂，氧同位素的品种也越来越多，目前国外 ^{18}O 的标记化合物品种能达到几百种。但在国内，氧同位素的分离手段还相对比较单一，仅限于水精馏，且其产品也仅以重氧（^{18}O）水为主，产量小，且品种形式亦很少，限制了氧同位素的应用和发展。

2.3.1.3 碳稳定性同位素

碳在自然界中有 2 个稳定性同位素^{12}C 和^{13}C，它们的丰度分别为 98.93％和 1.07％。^{12}C 原子质量单位为 12，原子核由 6 个质子和 6 个中子组成；^{13}C 原子质量单位为 13.0033548378，原子核由 6 个质子和 7 个中子组成。碳同位素：标准物质为美国南卡罗来纳州白垩纪皮狄组层位中的拟箭石化石（Pee Dee Belemnite，PDB），其^{13}C/^{12}C＝(11237.2±90)×10^{-6}。碳稳定性同位素的物理特性及自然界中^{13}C 的分布见表 2-10 和图 2-19。

表 2-10 碳稳定性同位素的物理特性

符号	质子数	中子数	原子质量单位	原子核自旋	丰度	丰度的变化率
^{12}C	6	6	12	0+	0.9893	0.98853~0.99037
^{13}C	6	7	13.0033548378	1/2−	0.0107	0.00963~0.01147

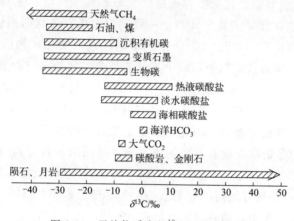

图 2-19 天然物质中的^{13}C 同位素分布

近年来，由于 CO_2 等温室气体的排放等人为活动严重干扰了自然环境，使全球气候发生了显著变化，尤其是对碳循环产生了深刻的影响，因此稳定性碳同位素分析越来越受到世界各国研究者的关注。自然和人类活动引起的火事件可导致生态系统的碳循环以及分布格局的改变，进一步影响区域碳生物地球化学循环。

2.3.1.4 氮稳定性同位素

氮同位素主要有^{14}N 和^{15}N 两种氮稳定性同位素。^{14}N 原子质量单位为 14.0030740048，原子核由 7 个质子和 7 个中子组成。^{15}N 原子质量单位为 15.0001088982，原子核由 7 个质子和 8 个中子组成。氮同位素：选空气中氮气为标准。通常情况下，^{15}N/^{14}N＝(3.676.5±8.1)×10^{-6}。表 2-11 是氮稳定性同位素的物理特性。

表 2-11 氮稳定性同位素的物理特性

符号	原子数	中子数	原子质量单位	半衰期	原子核自旋	丰度	丰度的变化率
^{14}N	7	7	14.0030740048	稳定	1+	0.99636	0.99579~0.99654
^{15}N	7	8	15.0001088982	稳定	1/2−	0.00364	0.00346~0.00421

在生物固氮、微生物吸收同化、有机氮素矿化、硝化和反硝化的反应机理及反应过程

中，由于微生物的驱动发生同位素分馏效应。生物固氮、土壤有机氮矿化过程中同位素分馏效应小，而吸收同化、硝化和反硝化过程中同位素分馏效应较大，利用各个过程不同的同位素分馏特征可示踪含氮物质的来源、转化和迁移等。利用氮稳定性同位素比的氮循环解析以前一直作为 N_2 气体测定的氮同位素比换为大气浓度更低的 N_2O 测定后，需要的样本量减少为以前的 1/1000。实际上，利用反硝化细菌或叠氮化氢可以将氮化合物 100％ 转换为 N_2O，再测定氮稳定性同位素比。

自然和人类活动引起的火事件可导致生态系统的碳、氮循环以及分布格局的改变，进一步影响区域碳、氮生物地球化学循环。为了解植物体燃烧前后植物、植物灰烬和气态挥发部分氮之间以及不同植物类型（C_3 和 C_4，草本和木本）之间的氮素差异，通过室内模拟燃烧实验研究了植物和燃烧后残余部分的氮同位素组成和氮含量变化。研究表明：不同植物种类之间氮同位素组成的变化受植物种类和生长条件的影响，比较 C_3 和 C_4 植物不同光合类型之间的氮同位素组成表明，植物体燃烧前后氮同位素变化和植物的光合类型无关。燃烧导致植物 90％ 以上的氮素损失。不同植物氮同位素值在 $-4.0‰$～$+5.2‰$ 变化，燃烧导致植物灰烬的氮同位素值偏正 0～1.6‰，其同位素分馏主要是由于燃烧过程中植物体中 ^{14}N 较 ^{15}N 优先以气态形式逃逸。因此在利用氮同位素进行的古环境研究、环境模拟过程中，必须考虑火烧对植物氮同位素值的影响。植物、植物灰烬和气态部分氮同位素之间具有较好的相关性，这种关系启示我们也许可以利用生态系统不同部分的氮同位素组成来研究植物-土壤-大气之间的氮素循环规律。

2.3.1.5 硫稳定性同位素

硫自然界中有四种稳定性同位素分别是 ^{32}S、^{33}S、^{34}S、^{36}S。它们的丰度分别为 94.99％、0.75％、4.25％、0.01％。^{32}S 原子质量单位为 31.97207100，原子核由 16 个质子和 16 个中子组成。^{33}S 原子质量单位为 32.97145876，原子核由 16 个质子和 17 个中子组成。^{34}S 原子质量单位为 33.96786690，原子核由 16 个质子和 18 个中子组成。硫同位素：标准物质选用 Canyon Diablo 铁陨石中的陨硫铁（Troilite），简称 CDT。$^{34}S/^{32}S$ CDT $= 0.0450045 \pm 93$。硫同位素的物理特性见表 2-12。

表 2-12 硫同位素的物理特性

符号	质子数	中子数	原子质量单位	半衰期	原子核自旋	丰度	丰度的变化率
^{32}S	16	16	31.97207100	稳定	0⁺	0.9199	0.94454～0.95281
^{33}S	16	17	32.97145876	稳定	3/2⁺	0.0075	0.00730～0.00793
^{34}S	16	18	33.96786690	稳定	0⁺	0.0425	0.03976～0.04734
^{35}S	16	19	34.96903216	87.51d	3/2⁺		
^{36}S	16	20	35.96708076	稳定	0⁺	0.0001	0.00013～0.00019

地球化学异常成因研究是评价其成矿前景、矿化类型的基础。有研究者借鉴稳定性同位素示踪成矿物质来源的原理和方法，将硫同位素引入到地球化学异常成因研究中，通过对乌奴格吐山和垦山试验区 Cu 矿化体、Cu 异常地段硫同位素组成特征的研究，发现在乌奴格吐山试验区 Cu 矿化及 Cu 异常地段硫的来源是一致的，表明应用硫同位素组成特征判断地球化学异常成因是可行的；对比发现，垦山试验区 Cu 异常地段硫同位素值较乌奴格吐山试

验区偏高，推断该 Cu 异常是由后期热液作用形成的，由此认为该异常的地质找矿及工作部署应该围绕热液矿床进行。

自然界中 $\delta^{34}S$ 值在 $-40‰\sim+40‰$ 范围内，但其变动较大。一般来说，稳定性同位素之间没有明显的化学性质差别，但其物理化学性质（如在气相中的传导率、分子键能、生化合成和分解速率等）因质量上的不同常有微小的差异，导致物质反应前后在同位素组成上有明显的差异。

2.3.1.6　锶和铷稳定性同位素

天然铷由两种同位素组成，即稳定的 ^{85}Rb 和放射性的 ^{87}Rb，后者占总量的 $27.85‰$。铷有多种人工产出的放射性同位素，质量数 85 以下的放射性同位素大多数呈 $\beta+$ 辐射衰变，质量数大于 85 的同位素则主要呈 $\beta-$ 辐射衰变。多数同位素的半衰期都较短。

核反应 $^{87}Rb->{}^{87}Sr+\beta-$ 常用来确定含铷矿物的年龄。世界锶量的 1% 是由 ^{87}Rb 衰变形成的。通过测定 Sr 与 Rb 之比即可确定该矿物的年龄。这种方法适用于确定古老矿物的年龄。铷同位素的物理特性见表 2-13。

表 2-13　铷同位素的物理特性

符号	质子数	中子数	原子质量单位	半衰期	原子核自旋	丰度
^{85}Rb	37	48	84.911789738	稳定	$5/2-$	0.7217
^{86}Rb	37	49	85.91116742	18.642d	$2-$	

自然界中锶以 ^{84}Sr、^{86}Sr、^{87}Sr、^{88}Sr 四种同位素的形式存在，丰度分别为 0.56%、9.86%、7.00%、82.58%。锶同位素的物理特性见表 2-14。其中 ^{87}Sr 由 ^{87}Rb 衰变产生，随着时间的演化 ^{87}Sr 单方向增长。在研究锶同位素组成时以 ^{86}Sr 作为比较基础，测定 $^{86}Sr/^{88}Sr$ 比值。在地质学中根据 $^{87}Rb/^{86}Sr$-$^{87}Sr/^{86}Sr$ 之间的衰变关系测定地质体年龄，并根据由等时线外推或含锶（基本不含铷）矿物测定得到的地质体形成时的初始 $^{87}Sr/^{86}Sr$ 示踪其物质来源。

表 2-14　锶同位素的物理特性

符号	质子数	中子数	原子质量单位	半衰期	原子核自旋	丰度	丰度的变化率
^{84}Sr	38	46	83.913425	稳定	$0+$	0.0056	$0.0055\sim0.0058$
^{85}Sr	38	47	84.912933	64.853d	$9/2+$		
^{86}Sr	38	48	85.9092602	稳定	$0+$	0.0986	$0.0975\sim0.0999$
^{87}Sr	38	49	86.9088771	稳定	$9/2+$	0.0700	$0.0694\sim0.0714$
^{88}Sr	38	50	87.9056121	稳定	$0+$	0.8258	$0.8229\sim0.8275$
^{89}Sr	38	51	88.9074507	50.57d	$5/2+$		

2.3.2　红外光谱指纹图谱

近红外光是介于可见光和中红外光之间的电磁波，美国 ASTM 规定近红外光谱范围为 $780\sim2526nm$、波数范围为 $4000\sim12820cm^{-1}$，这一区域内，一般有机物的近红外光谱吸收主要是含氢基团 X-H（主要有 O-H、C-H、N-H 和 S-H 等）的伸缩、振动、弯曲等引起的倍频和合频的吸收。根据朗伯-比尔吸收定律，随着样品成分组成或者结构的变化，其光谱特征也将发生变化。几乎所有的有机物的一些主要结构和组成都可以在它们的近红外光谱中找到特征信号。但由于近红外光谱区的谱带复杂、重叠严重，无法使用经典的定性、定量方法，必须借助于化学计量学中的多元统计、曲线拟合、聚类分析、多元校准等方法定标，将其所含的信息提取出来进行分析。

近红外光谱技术作为近年来迅速发展起来的高新分析技术，在分析技术上与其它技术相比有如下特点：

① 样品一般不需要预处理。近红外光谱区的信息是分子振动频率的合频和倍频，摩尔吸光系数较小，一般较中红外基频吸收低 1～3 个数量级，因此样品不需要像中红外或其他分析技术那样需要溶解、消化、萃取等一系列预处理过程，正是这一优点使得近红外技术适于快速无损分析。

② 可用于漫反射技术。近红外光谱分析的样品一般不需要经过预处理，样品颗粒大，近红外光的波长远小于颗粒直径，光在样品中传播时散射效应大而且能够穿透到样品内部，携带内部信息，这使得近红外光谱技术可以用漫反射技术对样品直接测定。而漫反射分析的样品可以形状各异，如水果、蔬菜、谷物等都可以直接测定，大部分固体样品的在线检测也都选用漫反射技术。这一特点使得近红外分析便于检查样品的各个部位和单籽粒的质量，也非常适合在线分析。

③ 属于绿色分析技术。近红外分析样品不需要化学药品，不会造成环境污染。此外，近红外光光子能量低，约为 1.65～0.5eV，不会对实验者造成伤害。

④ 适用范围广，对所有的有机物几乎都可以用。近红外光谱区的信息是 C-H、N-H、O-H 等含氢基团的倍频与合频吸收，一次近红外光谱技术可以用于一切所有与含氢基团有关的样品的化学性质与物理性质分析，一般不用于无机分析。但也有近红外测定无机成分的文献报道，如测定烟草中的总氯、总钾等，近红外光谱中没有这些元素的直接信息，计算利用的是间接信息。

2.3.3　化学组成指纹图谱

不同地域来源的食品受地理和气候特征的影响，其中的化学成分如蛋白质含量、组成，脂肪酸的含量、组成，各种香味成分等均有所不同。这些化学成分可用高效液相色谱（HPLC）、气-质联用（GS-MS）、液-质联用（LS-MS）、质子转换反应质谱（PTR-MS）等仪器检测。在欧盟 F6 框架项目 "Traceability along the whole food chain" 的实施过程中，荷兰专家 Saskia M. van Ruth 用质子转换反应质谱（PTR-MS）分析了来自欧洲南部（法国、意大利、葡萄牙、西班牙、瑞士）、欧洲西北部（比利时、德国、丹麦、瑞典、以色列）和欧洲东部（捷克斯洛伐克共和国、爱沙尼亚、匈牙利、拉脱维亚、波兰、斯洛伐克、斯洛文尼亚）83 个黄油样品中乳脂的挥发成分指纹图谱，结果表明利用其指纹图谱对黄油地域来源的平均正确判别率在 80% 左右。此方法无需繁琐的样品前处理工序，检测灵敏度高、时间短，是用于黄油地域来源判别的一种很有前途的方法。

植源性动物饲料种类、基因型和喂养方式等均会影响动物源食品的总化学成分组成，它们主要影响食品中脂肪含量、脂肪酸的组成、肌肉的结构、蛋白质的组成与含量等。研究报道中常利用气-质联用（GS-MS）、液-质联用（LS-MS）、近红外（NIR）、中红外（MIR）等对上述化学成分进行检测，分析判别食品和饲料的地域来源。近红外与中红外检测技术快速、无损，在化学成分快速分析中应用较多。目前，用近红外在中草药产地判别方面的研究较多，研究结果比较理想。另外，利用近红外与中红外在肉品方面的研究也有相关报道。Isaksson 等利用近红外光谱技术对不同生肉制品进行检测分析，发现它对水分、蛋白质和脂肪的测定效果比较好，而对碳水化合物的测定效果不很理想。Cozzolino 等利用近红外技术研究区分了不同喂养系统的牛肉，发现其判别效果比较好。在中红外技术应用方面，Al-Jowder 等报道了利用中红外区分纯牛肉和加入 20％内脏（心脏、肝脏、肾脏）的牛肉；McElhinney 等还将近红外和中红外分析技术结合对生肉糜样品进行品种鉴别研究。

痕量元素也是表征地域差异的较好指标，其依据是生物组织不断从它所生活的环境如水、食物和空气中累积各种矿物元素，不同地域来源的生物体中元素含量有很大差异。影响地域痕量元素差异的因素主要包括土壤种类、土壤的 pH、人类污染、大气和气候的差异以及矿物元素相互之间的作用等。常用等离子体质谱（ICP-MS）、原子吸收（AAS）等分析不同地域土壤、动植物、水等痕量元素的含量。

挥发性成分是感官特性中风味成分的重要组成部分。食品中挥发性成分与特定的地域、加工工艺和食品中微生物菌群有密切关系，常用电子鼻、GS-MS 等进行测定。但食品中微生物菌群随时间不断变化，其风味成分也随之变化。因此，在地域判别中，筛选特定不变的风味成分非常重要。利用风味成分对加工食品的区分比较有用，而对生食品的区分比较困难。因为加工过程中会加入特定的风味成分，而且产生的风味成分比较多，而未加工的食品中挥发性成分的含量非常低。

2.3.4　耦合技术

食品的产地来源鉴别技术实质上是分析与产地因素有关的食品特征指标。通过对上述食品产地溯源研究方法概括分析可知，用于食品地域鉴别的指标主要有两类：第一类是直接与食品地域来源相关的指标，如与水源相关的 H 和 O 同位素指标，与土壤和环境相关的痕量元素指标；第二类指标是指与生产系统、品种、喂养条件等有关，且与特定地域有联系，但受多种因素影响的指标，如食品的总化学成分、感官特性、挥发性成分等。在一些情况下，通过第一类指标就可判别出食品的地域来源；但在另一些情况下，必须考虑第二类指标。

任何一种溯源方法均有其不足之处或局限性。在实际中，要提高溯源指标对食品地域来源的正确判别率，需要将多种分析技术综合，针对不同食品，筛选各自最优组合的溯源指标。如比利时的 Vincent Baeten 博士利用核磁共振（NMR）、近红外（NIR）、傅里叶变换红外光谱（FTIR）、Raman 光谱、固相微萃取（SPME）-气相色谱（GC）、气相色谱（GC）-飞行时间质谱（TOFMS）联用技术对不同地域来源的蜂蜜样品进行检测，利用判别分析针对每类指标建立了判别模型，并分别对盲样进行了判别验证，指出了每种分析方法的优缺点。意大利的 Federica Camin 分析了不同地域来源橄榄油中的碳、氮、氘、氧同位素指标和铅、镉、铜等 23 种矿物元素指标。在分析过程中提出利用不同指标区分不同地域的研究思路，即逐级区分各个交叉地域。此研究思路在以后食品产地来源判别中具有很重要的借鉴作用。

2.4　物种鉴别技术

2.4.1　DNA 指纹技术

近年来，DNA 指纹技术已广泛应用于食品研究和食品控制领域。食品中动物种属鉴定的第一个 DNA 试验是特异性 DNA 探针杂交试验。PCR 已发展成为食品和饲料中动物种属鉴定的关键技术，PCR-RFLP 也可用于与食品有关的动植物种属鉴定。随机扩增多态性 DNA-PCR（RAPD-PCR）和以单链构象（SSCP）为基础的试验也用于鉴定不同动植物种属和品系。这些技术敏感性较高，可用于分析复杂的样品，即使对于经过严格加工（如灭菌）的食品 DNA 技术也是有效的。

DNA 序列信息也可以用于动物种属鉴别。现代分子生物学技术（包括测序技术）的发展已经产生了许多基因序列，但并不是所有的序列都可以在 DNA 数据库中找到。对于种属鉴定，用得最广泛的靶分子是线粒体 DNA。

DNA 指纹技术是分子生物学各种新兴技术的一种，它融合了 RFLP、PCR、Southern 转移等先进技术。用它可检测出大量 DNA 位点的差异性，成为继 RFLP 后当今最先进的分子水平上的遗传标记系统，在生命科学许多领域都得到广泛应用。DNA 指纹技术是基于限制性酶切片段长度多态性（restriction fragment length polymorphism，RFLP）基础之上的。1980 年，Wyman 等首先在人基因文库的 DNA 随机片段中，分离出高度多态的重复顺序区域。此后，Higgs 等在 α-珠蛋白基因附近等发现有高度重复序列，这些分散在基因组的串联重复的短小序列称为小卫星 DNA（minisatellite DNA）。一个小卫星 DNA 重复单位长度一般从几个到几十个核苷酸，重复单位数目从几个到几百个。不同的重复单位数目构成了小卫星 DNA 的高度多态性。Jeffreys 等用人的肌红蛋白基因内含子高变区重复序列的核心序列作为探针，在不十分严格的洗脱条件下同 DNA 内切酶酶切的人基因组 DNA 的电泳图谱进行 Southern 印迹杂交，所产生的图谱在不同个体之间均存在明显差异性，与人的指纹相似，表现出高度的个体特异性，这种特异性仍按孟德尔方式遗传，因而称为 DNA 指纹图谱。DNA 指纹图谱通常由几条到数十条带组成，在多个物种上的研究表明，DNA 指纹图谱中的带是独立遗传的，一个 DNA 指纹探针实际上能够同时检测基因组中数十个位点的变异性。同时，在一个基因组中，用不同探针获得的 DNA 指纹图在很大程度上是不一样的，用几个不同的探针所获得的信息是可以累加的。DNA 指纹具有高度的个体特异性。Georges 等用 4 种探针研究了猪、牛、马、羊的 DNA 指纹图谱，发现它们同种内任意两个个体的 DNA 指纹图谱一致性的概率分别是 4.1×10^{-7}、1.4×10^{-11}、3.2×10^{-12}、3.4×10^{-12}。Buitkamp 等用人工合成的寡核苷酸探针研究了德国 3 个牛品种的 DNA 指纹图谱，结果发现任意两个个体 DNA 指纹图谱相似的概率是 1.5×10^{-7} 到 2.4×10^{-7} 之间，认为 DNA 指纹是进行个体鉴别的有效工具。利用 DNA 指纹技术可检测不同物种、同种及同种不同个体的亲缘关系，也可进行物种分类鉴定。

2.4.1.1　肉制品的 DNA 溯源技术

DNA 溯源技术的产生源于 DNA 的遗传与变异。基因组 DNA 承担着物种延续的使命，其存在是相对稳定的；然而，同时为了更好地适应环境的变化，它又必然要发生一定的改变。因此每个个体所拥有的 DNA 序列是独一无二的，通过分子生物学方法所显示出来的 DNA 图谱也就独一无二，于是可以把 DNA 作为像指纹那样的独特特征来识别不同的个体。DNA 指纹除了具有指纹所能行使的功能以外，还同样具有 DNA 的遗传性，因此通过对 DNA 指纹的鉴定就可以判断两个个体之间的亲缘关系，而不仅仅是分辨个体差异。针对这一特征，DNA 指纹鉴定早已作为一种法医学物证分析方法运用到人类的刑事案件侦破以及亲子鉴定中。同样，DNA 指纹鉴定也适用于肉制品的溯源乃至所有食品的溯源。个体的 DNA 指纹图谱通过分子标记来构建。分子标记是以个体间遗传物质内核苷酸序列变异为基础的遗传标记，是 DNA 序列特异性的直接反映，主要有 AFLP 标记（扩增片段长度多态性）、SSR 标记（微卫星标记）和 SNP 标记（单核苷酸多态性）等。

2.4.1.2　基于 AFLP 标记的 DNA 溯源技术

1993 年荷兰科学家 Zbaeau 和 Vos 将 RFLP 的可靠性和 RAPD 的简便性结合起来，创立了 AFLP 技术。其基本原理是先利用限制性内切酶水解基因组 DNA 产生不同大小的 DNA 片段，再使双链人工接头的酶切片段相连接，作为扩增反应的模板 DNA，然后以人工接头的互补链为引物进行预扩增，最后在接头互补链的基础上添加 1～3 个选择性核苷酸作引物对模板 DNA 基因再进行选择性扩增，通过聚丙烯酰胺凝胶电泳分离检测获得的 DNA 扩增片段，根据扩增片段长度的不同检测出多态性。引物由三部分组成：与人工接头互补的核心碱基序列、限制性内切酶识别序列、引物 3′端的选择碱基序列（1～10bp）。接头与接头相邻的酶切片段的几个碱基序列为结合位点。该技术的独特之处在于所用的专用引物可在知道 DNA 信息的前提下就可对酶切片段进行 PCR 扩增。为使酶切浓度大小分布均匀，一般采用两个限制性内切酶，一个酶为多切点，另一个酶切点数较少，因而 AFLP 分析产生的主要是由两个酶共同酶切的片段。

2.4.1.3　基于 SSR 标记的 DNA 溯源技术

Moore 等于 1991 年结合 PCR 技术创立了 SSR 技术，SSR 也称简单重复序列，其串联重复的核心序列为 1～6bp，其长度一般较短，其中最常见的是双核苷酸重复，即 $(CA)_n$ 和 $(TG)_n$，每个微卫星 DNA 的核心序列结构相同，重复单位数目 10～60 个，其高度多态性主要来源于串联数目的不同，广泛分布于基因组的不同位置。不同遗传材料重复次数的可变性，导致了 SSR 长度的高度变异性，这一变异性正是 SSR 标记产生的基础。SSR 标记的基本原理：根据微卫星序列两端互补序列设计引物，通过 PCR 反应扩增微卫星片段，由于核心序列串联重复数目不同，因而能够用 PCR 的方法扩增出不同长度的 PCR 产物，经凝胶电泳得到个体的 DNA 指纹。

2.4.1.4　基于 SNP 标记的 DNA 溯源技术

SNP 标记是美国学者 E. Lander 于 1996 年提出的第三代 DNA 遗传标记。SNP 是指基因组同一位点上单个核苷酸的变异，这种变异包括核苷酸的置换（如 C 变为 T，或在其互补链上 G 变为 A）、颠换（如 C 变为 A，G 变为 T，C 变为 G，A 变为 T）、缺失和插入。SNP 从理论上来说每一个 SNP 位点都可以有 4 种不同的变异形式，但实际上发生的只有两种，即置换和颠换，二者之比为 2：1，并且大部分表现为二等位基因，非此即彼。从分子水平上对单个核苷酸的差异进行检测，SNP 标记可帮助区分两个个体遗传物质的差异。

　　AFLP 标记技术具有分辨率高、稳定性好、效率高的优点，但它的技术费用昂贵，对内切酶的质量和 DNA 的纯度要求很高，需要尽可能完整的 DNA，基因组 DNA 的断裂会造成误差。SSR 标记具有呈共显性遗传、可区分杂合子和纯合子、所需 DNA 量少等优点，但在采用 SSR 技术时必须知道重复序列两端的 DNA 序列的信息，如不能直接从 DNA 数据库查寻，则首先必须对其进行测试，而且 SSR 标记的等位基因数目多，带型复杂，难以判型，给 DNA 指纹识别自动化和规模化带来困难。SNP 标记，在基因组中分布相当广泛，研究表明每 300 碱基对就出现一次，而且一般来说是双等位基因，易于判型，适于快速、规模化筛查，并且对 DNA 质量要求不高。

2.4.1.5　基于 DNA 技术的大型动物个体识别方案设计

　　在大型动物养殖环节或在出生时，按规定编上耳标编码，并将耳标编码与该个体的出生信息、饲料信息、兽药信息、免疫信息和转出信息进行关联。

　　在屠宰环节，目前屠宰场普遍采用将若干头（如 50 头）作为一批进行屠宰，屠宰之前将该批次需要屠宰的所有个体进行血液取样，按照耳标编码进行编号，保存。在这个过程中，给予这 50 头一个屠宰批号，在进入后面的分割包装环节中，在原有屠宰批次号的基础上添加分割肉产品种类编号。如果终产品（一块肉）发生安全问题，可以通过食品包装袋上的食品安全码查询到动物在屠宰时的所属批次号。通过此批次号，能够找到该批对应的 50 个个体的血样编码。通过比对终产品和血样的 DNA 指纹，可查询到待识别的食品来源于养殖环节的某一个个体，找到食品污染的关键节点，实现肉类食品的跟踪溯源。

2.4.2　虹膜识别技术

　　基于虹膜特征的识别技术得到了人们的关注，虹膜因其唯一性、稳定性、高可靠性和非接触性等特点而备受关注。国内外学者围绕虹膜定位、虹膜表示、虹膜特征提取、虹膜编码和虹膜识别等关键环节开展了深入研究。

　　国际上已经有一些较成功的虹膜识别系统。剑桥大学的 Daugman 提出了基于 2D Gabor 小波变换的虹膜识别方法，由于这种方法只是对相位信息进行粗量化，因此优点是计算简单、速度快，但是存在着要求获取图像的分辨率、大小以及光照等条件保持基本不变的缺点。Wildes 等人提出了基于区域图像注册技术的虹膜识别系统，这种方法识别精度高，但是计算复杂，识别速度慢。昆士兰大学的 Boles 提出了基于零交叉小波变换的虹膜识别方法，这种方法对于光照变化、噪声的干扰不敏感，但是计算量大，同时，该方法仅讨论了虹膜特征提取的方法，没有形成完整的系统。

　　在虹膜识别技术领域，我国学者也取得了一些成就。陈良洲直接根据虹膜图像的相关性实现虹膜的识别；王蕴红等采用虹膜经多尺度 Gabor 滤波和小波变换实现虹膜的分类；黄雅平等提出了利用独立分量分析（ICA）提取虹膜的纹理特征，并采用竞争学习机制进行识别的方法；叶学义等提出了一种从定位、特征提取到编码识别的完整虹膜识别算法；林金龙等提出了一种基于特征点比对的虹膜识别方法；刘晓梅提出了一种空间信息和尺度信息相结合的虹膜识别算法；张鹏飞等提出一种基于多纹理特征融合的新颖虹膜识别方法。

　　为使虹膜识别技术能够迅速发展成为身份鉴别的重要手段，在实际中得到广泛应用，虹膜识别技术形成了如下发展趋势：

第一，从生理学、色度学、光学等角度对人眼及虹膜进行理论研究。建立照明光源、虹膜、CCD 摄像头之间的成像系统，确定它们之间的最佳匹配关系，以便在虹膜图像采集方面产生突破，构建高精度、自动化、小体积和低成本的虹膜图像采集装置。

第二，虹膜识别算法（包括图像预处理、特征提取和特征匹配）计算量很大，提高系统实时的快速计算能力是达到系统特定性能要求的关键。为此，一方面开发高效快速的识别算法，另一方面开发通用化和兼容性强的虹膜识别芯片，即软硬件两方面共同努力。

第三，将信息融合技术应用于虹膜识别技术中，即将虹膜特征信息与非生物特征识别信息相结合（如与智能卡相结合），将虹膜特征信息与其他生物信息相结合（如与指纹、掌纹的结合）是克服自身系统局限性、提高系统准确性和鲁棒性的切实可行的方案，是虹膜识别技术的发展方向。

第四，现在的虹膜特征识别的研究还局限于单机系统，建立虹膜特征识别的网络身份认证系统是其研究的重要方向，具有广阔的应用前景。

如今的虹膜识别技术还不是很成熟，识别系统的应用也不够广泛，世界上只有少数国家将这一技术应用于金融、刑侦等对安全有严格要求的场合。但是，由于该技术具有许多其他生物识别技术不可比拟的优点，因而吸引人们的广泛关注。随着识别技术的不断成熟、性能的不断完善、价格的不断降低，必将广泛地应用于金融、公安、人事管理、医疗、电子贸易、智能化门禁系统、通道控制和食品安全管理等诸多领域。

为了对肉类食品的安全生产销售进行有效管理，应从养殖场、屠宰场、加工场到超市的整个供应链上，对动物个体、肉类及其制品的处理加工过程等的信息进行追溯，使消费者在购买产品时了解其生产全过程的历史记录。

基于虹膜技术的动物个体识别溯源方案：

在大型动物养殖环节，首先采集猪、牛等肉类动物的虹膜图像并对其进行处理，将虹膜信息转化为编码并录入到食品安全可追溯系统的虹膜信息数据库中，并且将虹膜编码与该个体的出生信息、饲料信息、兽药信息、免疫信息和转出信息进行关联。

在屠宰环节，目前屠宰场普遍采用将若干头（如 50 头）作为一批进行屠宰，屠宰之前将该批次需要屠宰的所有个体的虹膜信息跟已有的虹膜信息数据库信息进行匹配，如果完全匹配，再以批为单位分割成多个部分，再根据不同的肉类产品种类（例如猪，可以分为蹄子、大排、肉丝等）进行包装。在这个过程中，给予这 50 头一个屠宰批号，在进入后面的分割包装环节中，在原有屠宰批次号的基础上添加分割肉产品种类编号。在这里，需要建立一个科学规范的分割肉产品分类体系和肉类食品代码体系，实现分割肉产品代码体系、条码技术和电子标签技术的集成应用。在进行食品信息安全追踪时，消费者就可以通过食品包装袋上的食品安全码查询到动物在屠宰时的所属批次号。通过此批次号，能够找到该批对应的 50 个个体的虹膜信息，通过虹膜信息进而追溯到具体的养殖信息。当肉类食品出现安全问题时，可以输入问题食品的食品安全码查找问题食品的来源并找到食品污染的关键节点，实现肉类食品的跟踪溯源。

2.4.3　蛋白质分析技术

蛋白质已被广泛地用于种属标志，可用的技术包括通过淀粉、聚丙烯酰胺、琼脂糖凝胶电泳或等电点聚焦分离蛋白质等。高度水溶性蛋白图谱可用于区分基因型密切相关的种属。凝胶电泳方法的检测限在 $0.1\%\sim1\%$ 之间，取决于蛋白质条带的显像方式。Western blotting 酶免疫试验等免疫学技术都是分析适当的目标蛋白。动物种属的定性检测是可能的，检测限取决于肉产品的含量。根据特异性蛋白质图谱，蛋白质组学常用来鉴别动物种属、品种和品系。

2.4.4　脂质体技术

脂质体成分和脂肪酸也可用来鉴别动物种属。饱和脂肪酸、单不饱和脂肪酸和多聚不饱和脂肪酸的组成百分比可构成动物种属标志，这可以通过气相色谱或气相色谱-质谱联用来确定。然而，实践表明这种方法变动太大，导致种属鉴定的结果不一定可靠。

2.5　GS1 全球统一标识系统

1973 年由美国统一代码委员会（UCC）所推出的 UPC 条码，促进了条码技术在美国的应用。在 UCC 的影响下，1974 年欧洲 12 国的制造商和销售商自愿组成了一个非营利的机构，在 UPC 条码的基础上开发出了与 UPC 兼容的 EAN 条码，并于 1977 年正式成立了欧洲物品编码协会，简称 EAN，其建立加速了条码技术在欧洲以及全球的应用进程。如今该组织已经不仅限于欧洲，而是发展成为一个拥有 90 多个成员国家或地区的国际物品编码协会，名为 EAN International。从 1998 年开始，国际物品编码协会和美国统一代码委员会（UCC）联手，成为推行全球化标识和数据通信系统的唯一的国际组织，即全球统一标识系统。2002 年美国统一代码委员会（UCC）正式加入国际物品编码协会（EAN International）。2005 年 2 月国际物品编码协会正式更名为 GS1（Global Standard One），对应的中文名仍然沿用国际物品编码协会，是一个中立的、非营利性国际组织，制定、管理和维护应用最为广泛的全球统一标识系统（简称 GS1 系统）。

GS1 系统是以对贸易项目、物流单元、位置、资产、服务关系等进行编码为核心的，集条码、射频等自动数据采集、电子数据交换、全球产品分类、全球数据同步、产品电子代码（EPC）等系统为一体的，服务于全球物流供应链的开发的标准体系。GS1 系统是由国际物品编码协会开发、管理和维护的全球统一和通用的商业语言，包含编码体系、数据载体和电子数据交换等内容。GS1 系统在世界范围内为标识商品、服务、资产和位置提供准确的编码。这些编码能够以条码符号或 RFID 标签（射频识别标签）来表示，以便进行电子识读。该系统克服了厂商、组织使用自身的编码系统或部分特殊编码系统的局限性，提高了贸易的效率和对客户的反应能力。GS1 通过具有一定编码结构的代码实现对相关产品及其数据的标识，该结构保证了在相关应用领域中代码在世界范围内的唯一性。在提供唯一的标识代码的同时，EAN·UCC 系统也提供附加信息的标识，例如有效期、系列号和比号。

截至 2022 年初，全球共有 150 多个国家（地区）采用这一标识系统，广泛应用于工业、建筑、商业、制造、出版业、医疗卫生、物流、电子商务、零售、医疗卫生、食品安全溯源、金融保险和服务业等 30 多个行业和领域，已成为全球通用的商务语言。

2.5.1　编码体系

编码体系是整个 GS1 系统的核心，是对流通领域中所有的产品与服务（包括贸易项目、物流单元、资产、位置和服务关系等）的标识代码及附加属性代码。附加属性代码不能脱离标识代码独立存在。GS1 系统具有良好的兼容性和扩展性。EAN·UCC 的标识代码包括六个部分：全球贸易项目代码（Global Trade Item Number，GTIN）、系列货运包装箱代码（Serial Shipping Container Code，SSCC）、全球参与方位置代码（Global Location Number，GLN）、全球可回收资产标识（Global Returnable Asset Identifier，GRAI）、全球单个资产标识（Global Individual Asset Identifier，GIAI）和全球服务关系代码（Global Service Relation Number，GSRN），如图 2-20。

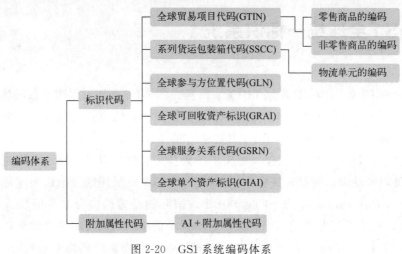

图 2-20　GS1 系统编码体系

以下介绍较为常用的全球贸易项目代码、系列货运包装箱代码和全球参与方位置代码。

2.5.1.1　全球贸易项目代码（GTIN）

全球贸易项目代码（Global Trade Item Number，GTIN）是编码系统中应用最广泛的标识代码。贸易项目是指一项产品或服务。GTIN 是为全球贸易项目提供唯一标识的一种代码（称代码结构）。GTIN 有四种不同的代码结构：GTIN-13、GTIN-14、GTIN-8 和 GTIN-12（如图 2-21）。这四种结构可以对不同包装形态的商品进行唯一编码。标识代码无论应用在哪个领域的贸易项目上，每一个标识代码必须以整体方式使用。完整的标识代码可以保证在相关的应用领域内全球唯一。

对贸易项目进行编码和符号表示，能够实现商品零售（POS）、进货、存补货、销售分析及其他业务运作的自动化。

（1）　GTIN 的编码原则

企业在对商品进行编码时，必须遵守编码唯一性、稳定性及无含义性原则。

①　唯一性　唯一性原则是商品编码的基本原则。相同的商品应分配相同的商品代码。基本特征相同的商品视为相同的商品。不同的商品必须分配不同的商品代码。基本特征不同的商品视为不同的商品。

GTIN-14	包装指示符	包装内含项目的GTIN(不含校验码)		校验码
代码结构	N_1	N_2 N_3 N_4 N_5 N_6 N_7 N_8 N_9 N_{10} N_{11} N_{12} N_{13}		N_{14}

GTIN-13 代码结构	厂商识别代码	商品项目代码	校验码
	N_1 N_2 N_3 N_4 N_5 N_6 N_7 N_8 N_9 N_{10} N_{11} N_{12}		N_{13}

GTIN-12 代码结构	厂商识别代码	商品项目代码	校验码
	N_1 N_2 N_3 N_4 N_5 N_6 N_7 N_8 N_9 N_{10} N_{11}		N_{12}

GTIN-8 代码结构	商品项目识别代码	校验码
	N_1 N_2 N_3 N_4 N_5 N_6 N_7	N_8

图 2-21 GTIN 的四种代码结构

② 稳定性 稳定性原则是指商品标识代码一旦分配，只要商品的基本特征没有发生变化，就应保持不变。同一商品无论是长期连续生产还是间断式生产，都必须采用相同的商品代码。即使该商品停止生产，其代码也应至少在 4 年之内不能用于其他商品上。

③ 无含义性 无含义性原则是指商品代码中的每一位数字不表示任何与商品有关的特定信息。有含义的代码通常会导致编码容量的损失。厂商在编制商品代码时，最好使用无含义的流水号。

对于一些商品，在流通过程中可能需要了解它的附加信息，如生产日期、有效期、批号及数量等，此时可采用应用标识符（AI）来满足附加信息的标注要求。应用标识符由 2～4 位数字组成，用于定义其后续数据的含义和格式。

（2）影响 GTIN 变更的因素

除了基本原则外，GTIN 的分配和变更还应考虑若干影响要素，详见《中国商品条码系统成员用户手册》。

（3）再利用 GTIN 的周期

不再生产的产品的 GTIN，自厂商将该种产品的最后一批货配送出去之日起，至少 48 个月内不能被重新分配给其他的产品。根据产品种类的不同，这一期限会有所调整。对于服装类商品，最低期限可减少为 30 个月。例如钢材可能存放多年后才进入流通市场，这一期限会很长。因此，厂商在重新使用 GTIN 时，必须对原商品品种在供应链中的流通期限做一个合理的预测，避免使用该 GTIN 的原商品品种与新商品品种同时出现在市场上，造成商品流通的混乱。值得注意的是，即使原商品品种已不在供应链中流通，但因保存历史资料的需要，有时它的 GTIN 仍然会保存在厂商的数据库中。

2.5.1.2 系列货运包装箱代码（SSCC）

系列货运包装箱代码（Serial Shipping Container Code，SSCC）的代码结构如表 2-15。系列货运包装箱代码是为物流单元（运输和/或储藏）提供唯一标识的代码，具有全球唯一性。物流单元标识代码由扩展位、厂商识别代码、系列号和校验码四部分组成，是 18 位的数字代码。它采用 UCC/EAN-128 条码符号表示。

表 2-15　SSCC 的代码结构

结构种类	扩展位	厂商识别代码	系列号	校验码
结构一	N_1	$N_2 N_3 N_4 N_5 N_6 N_7 N_8$	$N_9 N_{10} N_{11} N_{12} N_{13} N_{14} N_{15} N_{16} N_{17}$	N_{18}
结构二	N_1	$N_2 N_3 N_4 N_5 N_6 N_7 N_8 N_9$	$N_{10} N_{11} N_{12} N_{13} N_{14} N_{15} N_{16} N_{17}$	N_{18}
结构三	N_1	$N_2 N_3 N_4 N_5 N_6 N_7 N_8 N_9 N_{10}$	$N_{11} N_{12} N_{13} N_{14} N_{15} N_{16} N_{17}$	N_{18}
结构四	N_1	$N_2 N_3 N_4 N_5 N_6 N_7 N_8 N_9 N_{10} N_{11}$	$N_{12} N_{13} N_{14} N_{15} N_{16} N_{17}$	N_{18}

2.5.1.3　全球参与方位置代码（GLN）

全球参与方位置代码（Global Location Number，GLN）是对参与供应链等活动的法律实体、功能实体和物理实体进行唯一标识的代码。全球参与方位置代码由厂商识别代码、位置参考代码和校验码组成，用 13 位数字表示，具体结构如表 2-16。

表 2-16　GLN 代码结构

结构种类	厂商识别代码	位置参考代码	校验码
结构一	$N_1 N_2 N_3 N_4 N_5 N_6 N_7$	$N_8 N_9 N_{10} N_{11} N_{12}$	N_{13}
结构二	$N_1 N_2 N_3 N_4 N_5 N_6 N_7 N_8$	$N_9 N_{10} N_{11} N_{12}$	N_{13}
结构三	$N_1 N_2 N_3 N_4 N_5 N_6 N_7 N_8 N_9$	$N_{10} N_{11} N_{12}$	N_{13}

法律实体是指合法存在的机构，如供应商、客户、银行、承运商等。

功能实体是指法律实体内的具体的部门，如某公司的财务部。

物理实体是指具体的位置，如建筑物的某个房间、仓库或仓库的某个门、交货地等。

2.5.2　数据载体

数据载体承载编码信息，用于自动数据采集（auto data capture，ADC）与电子数据交换（EDI＆XML）。

2.5.2.1　GS1 的条码符号

GS1 系统主要包括三种条码符号：EAN/UPC 条码符号、ITF-14 条码符号、UCC/EAN-128 条码符号。

（1）EAN/UPC 条码

EAN/UPC 条码包括 EAN-13、EAN-8、UPC-A 和 UPC-E，如图 2-22 所示。通过零售渠道销售的贸易项目必须使用 EAN/UPC 条码进行标识。同时这些条码也可用于标识非零售的贸易项目。

EAN 条码：EAN 条码是长度固定的连续型条码，其字符集是数字 0～9。EAN 条码起源于欧洲，有两种类型，即 EAN-13 条码和 EAN-8 条码。

UPC 条码：UPC 条码是一种长度固定的连续型条码，其字符集为数字 0～9。UPC 条码起源于美国，有 UPC-A 条码和 UPC-E 条码两种类型。

根据国际物品编码协会（GS1）与美国统一代码委员会（UCC）达成的协议，自 2005年 1 月 1 日起，北美地区也统一采用 GTIN-13 作为零售商品的标识代码。但由于部分零售

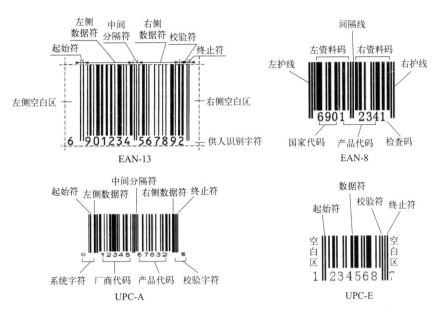

图 2-22 EAN/UPC 商品条码示例

商使用的数据文件仍不能与 GTIN-13 兼容，所以产品销往美国和加拿大市场的厂商可根据客户需要，向编码中心申请 UPC 条码。

（2） ITF-14 条码

ITF-14 条码只用于标识非零售的商品，示例如图 2-23 所示。ITF-14 条码对印刷精度要求不高，比较适合直接印制（热转印或喷墨）在表面不够光滑、受力后尺寸易变形的包装材料上。因为这种条码符号较适合直接印在瓦楞纸包装箱上，所以也称"箱码"。关于 ITF-14 条码的说明，可参考 GB/T 16830—2008《商品条码 储运包装商品编码与条码表示》。

图 2-23 ITF-14 条码示例

（3） UCC/EAN-128 条码

UCC/EAN-128 条码由国际物品编码协会（EAN International）和美国统一代码委员会（UCC）共同设计而成。它是一种连续型、非定长、有含义的高密度、高可靠性、两种独立的校验方式的代码。UCC/EAN-128 条码由起始符、数据字符、校验符、终止符、左侧空白区、右侧空白区及供人识别字符组成，用以表示 GS1 系统应用标识符字符串，示例如图 2-24 所示。

UCC/EAN-128 条码可表示变长的数据，条码符号的长度依字符的数量、类型和放大系统的不同而变化，并且能将若干信息编码在一个条码符号中。该条码符号可编码

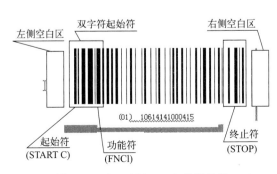

图 2-24 UCC/EAN-128 条码示例

的最大数据字数为 48 个，包括空白区在内的物理长度不能超过 165mm。UCC/EAN-128 条码不用于 POS 零售结算，用于标识物流单元。

应用标识符（AI）是一个 2～4 位的代码，用于定义其后续数据的含义和格式。使用 AI 可以将不同内容的数据表示在一个 UCC/EAN-128 条码中。不同的数据间不需要分隔，既节省了空间，又为数据的自动采集创造了条件。关于 UCC/EAN-128 条码的说明，可参阅 GB/T 15425—2002《EAN·UCC 系统 128 条码》及 GB/T 16986—2018《商品条码　应用标识符》等国家标准。

2.5.2.2　EPC 系统

EPCglobal 的主要职责是在全球范围内对各个行业建立和维护 EPC 网络，保证供应链各环节信息的自动、实时识别采用全球统一标准。通过发展和管理 EPC 网络标准来提高供应链上贸易单元信息的透明度与可视性，以此来提高全球供应链的运作效率。EPCglobal 是一个中立的、非营利性标准化组织。EPCglobal 由 EAN 和 UCC 两大标准化组织联合成立，它继承了 EAN·UCC 与产业界近 30 年的成功合作传统。EPC 系统是一个非常先进的、综合性的复杂系统，其最终目标是为每一单品建立全球的、开放的标识标准。它由全球产品电子代码（EPC）编码体系、射频识别系统及信息网络系统三部分组成，主要包括六个方面，见表 2-17。

表 2-17　EPC 系统的构成

系统构成	名称	注释
EPC 编码体系	EPC 代码	用来标识目标的特定代码
射频识别系统	EPC 标签	贴在物品之上或者内嵌在物品之中
	读写器	识读 EPC 标签
	EPC 中间件	
信息网络系统	对象名称解析服务（object naming service，ONS） EPC 信息服务（EPC IS）	EPC 系统的软件支持系统

EPC 标签是射频识别技术中应用于 GS1 系统 EPC 编码的电子标签，是按照 GS1 系统的 EPC 规则进行编码，并遵循 EPCglobal 制定的 EPC 标签与读写器的无接触空中通信规则设计的标签。EPC 标签是产品电子代码的载体，当 EPC 标签贴在物品上或内嵌在物品中时，该物品与 EPC 标签中的编号则是一一对应的。

在由 EPC 标签、读写器、EPC 中间件、internet、ONS 服务器、EPC 信息服务（EPC IS）以及众多数据库组成的实物互联网中，读写器读出的 EPC 只是一个信息参考（指针），由这个信息参考从 internet 找到 IP 地址并获取该地址中存放的相关的物品信息，并采用分布式的 EPC 中间件处理由读写器读取的一连串 EPC 信息。由于在标签上只有一个 EPC 代码，计算机需要知道与该 EPC 匹配的其他信息，这就需要 ONS 来提供一种自动化的网络数据库服务，EPC 中间件将 EPC 代码传给 ONS，ONS 指示 EPC 中间件到一个保存着产品文件的服务器（EPC IS）查找，该文件可由 EPC 中间件复制，因而文件中的产品信息就能传到供应链上。EPC 系统的工作流程如图 2-25 所示。

（1）EPCglobal 网络

EPCglobal 网络是实现自动即时识别和供应链信息共享的网络平台。通过 EPCglobal 网

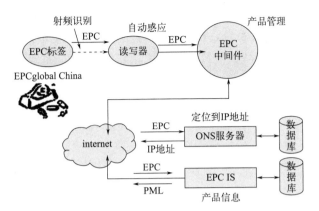

图 2-25　EPC 系统工作流程示意图

络，提高供应链上贸易单元信息的透明度与可视性，以此各机构组织将会更有效运行。通过整合现有信息系统和技术，EPCglobal 网络将提供对全球供应链上贸易单元即时准确自动的识别和跟踪。Auto-ID 中心以美国麻省理工学院（MIT）为领队，在全球拥有实验室。Auto-ID 中心构想了物联网的概念，这方面的研究得到 100 多家国际大公司的通力支持。企业和用户是 EPCglobal 网络的最终受益者，通过 EPCglobal 网络，企业可以更高效弹性地运行，可以更好地实现基于用户驱动的运营管理。

（2）EPCglobal 服务

EPCglobal 为期望提高有效供应链管理的企业提供了下列服务：

① 分配、维护和注册 EPC 管理者代码；

② 对用户进行 EPC 技术和 EPC 网络相关内容的教育和培训；

③ 参与 EPC 商业应用案例实施和 EPCglobal 网络标准的制定；

④ 参与 EPCglobal 网络、网络组成、研究开发和软件系统等的规范制定和实施；

⑤ 引领 EPC 研究方向；

⑥ 认证和测试；

⑦ 与其他用户共同进行试点和测试。

（3）系统成员

EPCglobal 将系统成员大体分为两类：终端成员和系统服务商。终端成员包括制造商、零售商、批发商、运输企业和政府组织。一般来说，终端成员就是在供应链中有物流活动的组织。而系统服务商是指那些给终端用户提供供应链物流服务的组织机构，包括软件和硬件厂商、系统集成商和培训机构等。EPCglobal 在全球拥有上百家成员。

（4）EPC 的特点

① 开放的结构体系　EPC 系统采用全球最大的公用的 internet 网络系统。这就避免了系统的复杂性，同时也大大降低了系统的成本，并且还有利于系统的增值。

② 独立的平台与高度的互动性　EPC 系统识别的对象是一个十分广泛的实体对象，因此，不可能有哪一种技术适用所有的识别对象。同时，不同地区、不同国家的射频识别技术标准也不相同。因此开放的结构体系必须具有独立的平台和高度的交互操作性。EPC 系统网络建立在 internet 网络系统上，并且可以与 internet 网络所有可能的组成部分协同工作。

③ 灵活的可持续发展的体系　EPC 系统是一个灵活的开放的可持续发展的体系，可在

不替换原有体系的情况下就可以做到系统升级。

    EPC 系统是一个全球的大系统，供应链的各个环节、各个节点、各个方面都可受益，但对低价值的识别对象，如食品、消费品等来说，它们对 EPC 系统引起的附加价格十分敏感。EPC 系统正在考虑通过本身技术的进步，进一步降低成本，同时通过系统的整体改进使供应链管理得到更好的应用，提高效益，以便抵消和降低附加价格。

思考练习

1. 电子编码技术的原则是什么？
2. 一维条码和二维条码的区别有哪些？
3. 射频识别技术的工作原理是什么？
4. 物种鉴别技术主要有哪几种？
5. 牛肉产地溯源应用什么溯源技术？其原理是什么？

请扫二维码
查询参考答案

参考文献

[1] 吴木兰，宋萧萧，崔武卫，殷军艺. 基于近红外光谱技术对南阳豌豆产地鉴别研究[J]. 光谱学与光谱分析，2023，43（04）：1095-1102.

[2] 桑力青，徐冰洁，杨晨曦，刘臻. 近红外光谱技术在食品和农产品领域中的应用[J]. 食品安全导刊，2023（03）：127-129.

[3] 白春艳，刘石鑫，樊志鹏，张焱，杨晋宇，康玮峰. 食品溯源体系建立的必要性与可行性分析[J]. 现代农业科技，2022（21）：191-193.

[4] 张玉英，周顺骥."一品一码"全程追溯 食品安全"码"上治理[J]. 福建市场监督管理，2022（03）：15-16.

[5] 练宇婷，伍雯静，陈乐如，廖威龙，肖欣红，赵晨煊. 基于射频识别技术的猪肉质量安全溯源系统设计[J]. 食品安全导刊，2022（07）：182-186.

[6] 徐园若，母健，刘晓涵，锁然，张昂. 稳定同位素技术在禽类及其制品溯源领域的研究进展[J]. 食品工业科技，2022，43（06）：410-419.

[7] 吴晓庆，詹晓娟，胡峻豪. 基于 RFID 和二维码的食品安全溯源系统设计与实现[J]. 高师理科学刊，2021，41（01）：32-35，55.

[8] 刘韬，都洪韬，丁润东，吴芮豪，许鑫，崔煦晨，王亚. 基于 QR Code 二维码的食品溯源系统的开发与设计[J]. 阜阳师范大学学报：自然科学版，2021，38（04）：89-94.

[9] 彭凯秀，刘欢，刘鸽，张秀珍，李凡，田秀慧，宫向红，王斌，孙春晓，徐英江，李焕军. 稳定同位素技术在动植物源食品溯源中的应用研究[J]. 食品工业科技，2021，42（08）：338-345.

[10] 张伟，丁长伟，马雪，赵丹，张瑞，郭航，赵多勇. 氢、氧稳定同位素在植源性食品真实性鉴别中的应用[J]. 食品安全质量检测学报，2021，12（12）：5031-5038.

[11] 王倩，李政，赵姗姗，郄梦洁，张九凯，王明林，郭军，赵燕. 稳定同位素技术在肉羊产地溯源中的应用[J]. 中国农业科学，2021，54（02）：392-399.

[12] 赵姗姗，谢立娜，郄梦洁，赵燕. 稳定同位素技术在牛奶及奶制品溯源应用中的研究进展[J]. 同位素，2020，33（05）：263-272.

[13] 宗万里，白扬，赵姗姗，郄梦洁，刘海金，郭军，赵燕. 农产品溯源领域稳定同位素研究发展态势分析[J]. 核农学报，2020，34（S1）：137-149.

[14]　陈海.条码追溯在农产品苹果中的应用与研究[J].中国质量与标准导报，2020（04）：52-56.

[15]　姜莎，范鑫，张彦斌，张宏博.肉类食品产地溯源技术研究进展[J].食品安全导刊，2020（21）：155-157，159.

[16]　陈宏君.基于RFID的衡阳市珠晖葡萄质量安全溯源系统研究[D].中南林业科技大学，2019.

[17]　任海洋，赵守香.GS1系统在食品追溯中的应用研究——以速冻水饺为例[J].条码与信息系统，2019（05）：15-17.

[18]　王楠.基于DNA条码技术的食品中鲑科鱼物种成分鉴别研究[D].山东农业大学，2019.

[19]　郅永伟，王雷，贾海军，闫姣.基于射频识别技术的产业链溯源管理系统在獭兔养殖中的应用[J].中国养兔，2019（04）：15-17，30.

[20]　课净璇.基于化学指纹图谱的花椒产地鉴别与应用[D].四川农业大学，2018.

[21]　侯敬熙.基于二维码的猪肉溯源系统开发研究[D].华南农业大学，2018.

[22]　朱琰.刍议食品安全追溯系统中二维条码生成和防伪技术[J].食品安全导刊，2017（30）：44.

[23]　黄俊.基于RFID和条码技术的猪肉安全追溯管理系统[D].上海交通大学，2017.

[24]　胡迪.GS1国际标准在食品可追溯中的应用[J].食品安全导刊，2016（28）：69-72.

[25]　申海朋.射频识别技术在食品追溯中的应用[J].食品安全导刊，2014（18）：76-77.

[26]　罗忠亮，段琢华，戴经国.虹膜识别在基于物联网的肉类食品溯源中的研究[J].数学的实践与认识，2013，43（05）：102-108.

[27]　卢红科，赵林度.基于虹膜识别与编码技术的肉类食品可追溯系统研究[J].物流技术，2009，28（10）：103-106.

[28]　卞金来，赵波.浅谈射频识别技术[J].科技信息（科学教研），2008，000（023）：449.

[29]　张涵，李素彩.应用条码技术进行食品溯源的可行性分析[J].物流技术，2006（01）：32-34.

第
二
章

第三章
食品溯源的法律与标准

本章导读

　　民以食为天，食以安为先。食品质量安全关系到人民群众身体健康和生命安全，关系到国家经济发展与社会和谐稳定。在我国全面建成小康社会，开启全面建设社会主义现代化国家新征程，向第二个百年奋斗目标进军之际，要时刻牢牢守住食品质量安全的底线。食品追溯是国际通行的食品安全风险管理措施，涵盖种植、生产、检验、监管和消费等"从农田到餐桌"各环节，能从源头上保障消费者的合法权益。一旦出现问题，可以通过溯源方式查出生产企业、产地、农户等信息，明确事故方相应的法律责任。

学习目标

1. 了解国内外食品溯源法律与标准。
2. 了解国内外食品溯源管理的特点和重点举措。
3. 了解我国食品监管和溯源相关政策规定和标准。

3.1 概述

民以食为天，食以安为先。食品安全直接关系到人民群众的身体健康和生命安全，世界各国政府都将其作为重要的民生问题来抓。食品产业由于链条长、环节多，容易发生食品安全问题。建立食品可追溯体系，有效监控食品从生产到加工、运输、销售的各环节，实现全过程产品质量可追溯，对保障食品安全意义重大。食品溯源囊括了种植养殖、加工、运输、批发与零售等所有环节，是完成"从农田到餐桌"的全程可追溯，可以实现食品供应链透明管理，控制食源性疾病传播，以及问题产品的快速召回，是食品监管的重要手段。

本章阐述了我国食品追溯相关国家法律法规和标准，以及国际标准化组织（ISO）、国际食品法典委员会（CAC）、国际动物卫生组织（OIE）、国际植物保护公约（IPPC）、国际乳品联合（IDF）等的食品追溯标准，还介绍了发达国家和地区，如欧盟、美国、加拿大、澳大利亚、新西兰和日本的食品追溯法规和标准。

3.2 国内相关法律法规与标准

3.2.1 国内相关法律法规

溯源具有很强外部性，需要政府的强制力与引导。我国目前已经形成了以《食品安全法》《食品卫生法》为核心，《产品质量法》《农业法》《消费者权益保护法》等法律为基础，《食品安全法实施条例》《食品生产加工企业质量安全监督管理办法》《国务院办公厅关于加快推进重要产品追溯体系建设的意见》等部门规章条例为主体，各省及地方政府关于食品溯源的规章为补充的食品溯源法律体系。

近年来，我国关于食品安全的法律法规相继出台。自 2004 年国务院发布《关于进一步加强食品安全工作的决定》，提出建立农产品质量安全追溯制度以来，几乎每年都有关于食品追溯工作的文件下发。我国《食品安全法》明确要求："国家要建立食品安全全程追溯制度。"2015 年 12 月 30 日，国务院办公厅《关于加快推进重要产品追溯体系建设的意见》（国办发〔2015〕95 号）明确提出：要推动采购可追溯产品，营造有利于可追溯产品消费的市场环境，提出了要统一标准、互联互通；要完善标准规范、发挥认证作用、推动系统之间的互联互通；多方参与、合理推进、挖掘价值、扩大引用。原农业部《关于加快推进农产品质量安全追溯体系建设的意见》提出：建立追溯管理运行制度、搭建信息化追溯平台、制定追溯管理技术标准和开展追溯管理试点应用等要求。《关于食品生产经营企业建立食品安全追溯体系的若干规定》要求：食品生产经营企业通过建立食品安全追溯体系，客观、有效、真实地记录和保存食品质量安全信息，实现食品质量安全顺向可追踪、逆向可溯源、风险可管控，发生质量安全问题时产品可召回、原因可查清、责任可追究。国家标准委、商务部等十部委联合印发了《关于开展重要产品追溯标准化工作的指导意见》（国质检标联〔2017〕

419 号），明确了开展重要产品追溯标准化工作的重点任务，提出加紧研制追溯基础共性标准，为试点示范提供指导。2020 年 11 月 27 日，国家卫健委在官网发布《关于进一步做好冷链食品追溯管理工作的通知》，提出建立和完善由国家级平台、省级平台和企业级平台组成的冷链食品追溯管理系统，以畜禽肉、水产品等为重点，实现重点冷链食品从海关进口查验到贮存分销、生产加工、批发零售、餐饮服务全链条信息化追溯，完善人物同查、人物共防措施，建立问题产品的快速精准反应机制，严格管控疫情风险，维护公众身体健康。我国食品溯源相关的法律法规见表 3-1。

表 3-1 我国食品溯源主要法律法规一览表

序号	法律法规	发布部门	发布年份
1	食品安全法	全国人大	2018 修正
2	农业法	全国人大	2015
3	产品质量法	全国人大	2018 修正
4	农产品质量安全法	全国人大	2018 修正
5	消费者权益保护法	全国人大	2013 修正
6	地方党政领导干部食品安全责任制规定	国务院	2019
7	国务院办公厅关于加快推进重要产品追溯体系建设的意见（国办发〔2015〕95 号）	国务院	2015
8	农业农村部关于农产品质量安全追溯与农业农村重大创建认定、农产品优质品牌推选、农产品认证、农业展会等工作挂钩的意见（农质发〔2018〕10 号）	农业农村部	2018
9	农业部办公厅关于做好 2017 年水产品质量安全可追溯试点建设工作的通知（农办渔〔2017〕50 号）	农业部	2017
10	农业部关于加快推进农产品质量安全追溯体系建设的意见（农质发〔2016〕8 号）	农业部	2016
11	农垦农产品质量追溯系统建设项目验收办法（农办垦〔2011〕24 号）	农业部	2011
12	总局关于发布食品生产经营企业建立食品安全追溯体系若干规定的公告（2017 年第 39 号）	国家食品药品监督管理总局	2017
13	关于食品生产经营企业建立食品安全追溯体系的若干规定	国家食品药品监督管理总局	2017
14	总局关于推动食品药品生产经营者完善追溯体系的意见（食药监科〔2016〕122 号）	国家食品药品监督管理总局	2016
15	食品药品监管总局关于印发婴幼儿配方乳粉生产企业食品安全追溯信息记录规范的通知（食药监食监一〔2015〕281 号）	国家食品药品监督管理总局	2015
16	食品药品监管总局关于食用植物油生产企业食品安全追溯体系的指导意见（食药监食监一〔2015〕280 号）	国家食品药品监督管理总局	2015
17	食品药品监管总局关于白酒生产企业建立质量安全追溯体系的指导意见（食药监食监一〔2015〕194 号）	国家食品药品监督管理总局	2015
18	财政部办公厅　商务部办公厅关于开展肉类蔬菜及中药材流通追溯体系建设有关问题的通知（财办建〔2014〕63 号）	财政部、商务部	2014
19	商务部办公厅　财政部办公厅关于明确肉菜中药材流通追溯体系试点结束后管理体制等工作的通知（商秩字〔2018〕18 号）	商务部、财政部	2018

续表

序号	法律法规	发布部门	发布年份
20	商务部办公厅　财政部办公厅关于肉类蔬菜流通追溯体系建设试点指导意见的通知（商秩字〔2010〕279号）	商务部、财政部	2010
21	对十三届全国人大二次会议第8917号建议的答复|关于进一步加强食品安全信息追溯管理体系建设的建议（商秩函〔2019〕328号）	商务部	2019
22	商务部　工业和信息化部　公安部　农业部　质检总局　安全监管总局　食品药品监管总局关于推进重要产品信息化追溯体系建设的指导意见（商秩发〔2017〕53号）	商务部	2017
23	商务部办公厅关于印发《肉类蔬菜流通追溯体系专用标识使用规定（试行）》的通知	商务部	2011
24	商务部关于印发《肉类流通追溯体系基本要求》《蔬菜流通追溯体系基本要求》等技术规范的通知	商务部	2011
25	全国肉类蔬菜流通追溯体系建设规范（试行）	商务部	2010
26	关于积极稳妥做好战疫期间农产品质量安全追溯重点工作的函（农质安(溯)函〔2020〕29号）	农业农村部农产品质量安全中心	2020
27	中国绿色食品发展中心关于开展绿色食品、有机农产品、农产品地理标志追溯管理有关工作的通知（中绿信〔2018〕175号）	中国绿色食品发展中心	2018
28	关于开展重要产品追溯标准化工作的指导意见（国质检标联〔2017〕419号）	中共中央网络安全和信息化领导小组办公室	2017
29	关于进一步做好冷链食品追溯管理工作的通知（联防联控机制综发〔2020〕263号）	卫健委、国务院应对新型冠状病毒感染肺炎疫情联防联控机制综合组	2020

　　一些地方和企业也初步建立了部分食品可追溯制度，发布了一些法规。2001年7月，上海市政府颁布了《上海市食用农产品安全监管暂行办法》，提出了在流通环节建立"市场档案可溯源制"。2002年，北京市商委制定了食品信息可追踪制度，明确要求食品经营者购进和销售食品要有明细账，即对购进食品按产地、供应商、购进日期和批次建立档案。2005年9月20日，北京市顺义区在北京市率先启动蔬菜分级包装和质量可溯源制。天津市为了确保市民购买到可靠的无公害蔬菜，实行无公害蔬菜可溯源制，推出网上无公害蔬菜订菜服务。2020年12月1日，市场监管总局明确表示要加强进口冷链食品追溯管理工作，全面推进进口冷链食品追溯管理平台建设，进一步强化新冠病毒输入风险"物防"措施。随后，北京、广东、浙江等省市冷链食品追溯平台均上线运行。我国各省及地方政府关于食品溯源的政策文件见表3-2。

表3-2　我国各省及地方政府关于食品溯源的政策文件一览表

序号	政策文件	发布部门	发布年份
1	北京市人民政府办公厅关于印发《北京市加快推进重要产品追溯体系建设实施方案》的通知（京政办字〔2016〕60号）	北京市人民政府	2016
2	深圳市商务局关于开展农贸市场肉菜流通追溯体系建设工作的通知	深圳市商务局	2020
3	广东省人民政府办公厅关于印发广东省加快推进重要产品追溯体系建设实施方案的通知（粤府办〔2016〕60号）	广东省人民政府	2016

续表

序号	政策文件	发布部门	发布年份
4	广州市人民政府办公厅关于印发广州市肉类蔬菜流通追溯体系建设工作方案的通知(穗府办〔2017〕37 号)	广州市人民政府	2017
5	天津市市场和质量监督管理委员会关于印发天津市食用植物油生产企业食品安全追溯体系建设工作实施方案的通知(津市场监管食产〔2016〕16 号)	天津市市场和质量监督管理委员会	2016
6	天津市人民政府办公厅关于印发天津市重要产品追溯体系建设实施方案的通知(津政办函〔2017〕99 号)	天津市人民政府	2017
7	关于加强本市畜禽产品食品安全信息追溯管理工作的通知(沪牧医办〔2018〕25 号)	上海市畜牧兽医办公室	2018
8	上海市市场监督管理局关于推进食品生产过程智能化追溯体系建设的指导意见(沪市监食生〔2019〕476 号)	上海市市场监督管理局	2019
9	上海市市场监督管理局关于推进保健食品生产经营企业食品安全信息追溯工作的指导意见(沪市监特食〔2019〕553 号)	上海市市场监督管理局	2019
10	上海市人民政府办公厅印发《关于本市加快推进重要产品追溯体系建设的实施意见》的通知(沪府办发〔2016〕44 号)	上海市人民政府	2016
11	上海市食品药品监督管理局关于发布《上海市食品安全信息追溯管理品种目录(2015 年版)》的公告〔2015-10-01 实施〕	上海市食品药品监督管理局	2015
12	上海市食品安全信息追溯管理办法(上海市人民政府令第 33 号)	上海市人民政府	2015
13	上海市水产办公室关于实施 2017 年水产养殖档案追溯体系建设的通知(沪水产办〔2017〕45 号)	上海市水产办公室	2017
14	关于印发 2017 年上海市地产农产品质量安全追溯体系建设实施方案的通知(沪农委〔2017〕208 号)	上海市农业委员会	2017
15	上海市食品药品监督管理局关于进一步加强本市食品生产经营环节食品安全信息追溯管理工作的通知(沪食药监协〔2018〕109 号)	上海市食品药品监督管理局	2018
16	上海市食品药品监督管理局关于开展本市食品生产经营环节信息追溯管理专项检查的通知(沪食药监协〔2018〕160 号)	上海市食品药品监督管理局	2018
17	河北省农业农村厅　河北省市场监督管理局关于强化产地准出市场准入管理完善食用农产品全程追溯机制的意见(冀农发〔2020〕114 号)	河北省农业农村厅、河北省市场监督管理局	2020
18	云南省食品药品监督管理局关于建立进一步完善白酒等重点食品生产企业追溯体系的通知(云食药监食监〔2016〕26 号)	云南省食品药品监督管理局	2016
19	云南省人民政府办公厅关于加快推进重要产品追溯体系建设的实施意见(云政办发〔2016〕86 号)	云南省人民政府	2016
20	关于推进 2020 年食品生产经营电子追溯系统建设工作的通知(通市监办发〔2020〕52 号)	南通市市场监督管理局	2020
21	浙江省食品药品监督管理局关于进一步推进我省食用农产品市场质量安全追溯体系建设保障 G20 峰会食用农产品安全的通知(浙食药监规〔2016〕5 号)	浙江省食品药品监督管理局	2016
22	浙江省食品药品监督管理局关于印发《浙江省食用农产品市场质量安全追溯体系建设指导意见(试行)》的通知(浙食药监规〔2015〕14 号)	浙江省食品药品监督管理局	2015
23	浙江省农业厅关于印发《浙江省农产品质量安全追溯管理办法(试行)》的通知	浙江省农业厅	2016

序号	政策文件	发布部门	发布年份
24	浙江省食品药品监督管理局关于印发《2017 年浙江省食用农产品市场电子追溯系统建设工作方案（试行）》的通知（浙食药监食通〔2017〕1 号）	浙江省食品药品监督管理局	2017
25	甘肃省人民政府办公厅关于印发《甘肃省食品安全追溯管理办法（试行）》的通知（甘政办发〔2014〕14 号）	甘肃省人民政府	2014
26	甘肃省农牧厅关于下达 2018 年省级农产品质量安全监管及追溯体系建设专项资金项目任务计划的通知（甘农牧财发〔2017〕125 号）	甘肃省农牧厅	2017
27	青海省农业农村厅关于农产品质量安全追溯与农牧业重大创建认定、农牧业品牌推选、农畜产品认证、农业展会等工作挂钩的实施意见（青农质〔2019〕21 号）	青海省农业农村厅	2019
28	安徽省农业农村厅关于印发省追溯平台农产品质量安全追溯管理办法（试行）的通知	安徽省农业农村厅	2020
29	安徽省人民政府办公厅关于加快推进重要产品追溯体系建设的实施意见（皖政办〔2016〕16 号）	安徽省人民政府	2016
30	安徽省食品药品监督管理局关于进一步推进食品安全电子追溯系统建设的通知（皖食药监科秘〔2015〕549 号）	安徽省食品药品监督管理局	2015
31	安徽省食品药品监督管理局关于食品生产企业食品质量安全追溯体系建设的指导意见（皖食药监食秘〔2018〕226 号）	安徽省食品药品监督管理局	2018
32	安徽省食品药品监督管理局关于开展 2018 年食品生产企业食品质量安全追溯体系建设工作的通知（皖食药监食生秘〔2018〕229 号）	安徽省食品药品监督管理局	2018
33	安徽省食品药品监督管理局关于印发《安徽省餐饮服务单位食品安全追溯体系建设指导意见》的通知（皖食药监消秘〔2018〕491 号）	安徽省食品药品监督管理局	2018
34	关于印发《内蒙古自治区市场监督管理局关于保健食品生产企业建立质量安全信息化追溯体系的指导意见》的通知（内市监特食字〔2020〕131 号）	内蒙古自治区市场监督管理局	2020
35	内蒙古自治区食品药品监督管理局关于加快推进重点食品追溯体系建设的实施意见（内食药监食生〔2016〕54 号）	内蒙古自治区食品药品监督管理局	2016
36	内蒙古自治区人民政府办公厅关于印发加快推进重要产品追溯体系建设实施方案的通知（内政办发〔2016〕93 号）	内蒙古自治区人民政府	2016
37	内蒙古自治区农畜产品质量安全追溯管理办法（内农牧规发〔2015〕11 号）	内蒙古自治区农牧业厅	2015
38	湖北省人民政府办公厅关于印发湖北省食品安全信息追溯管理办法（试行）的通知（鄂政办发〔2016〕42 号）〔2016-10-01 实施〕	湖北省人民政府	2016
39	河南省人民政府办公厅关于加快推进重要产品追溯体系建设的实施意见（豫政办〔2016〕137 号）	河南省人民政府	2016
40	福建省市场监督管理局　福建省农业农村厅　福建省海洋与渔业局关于发布《福建省食品安全信息追溯类别品种（2018 年版）》的通告（闽市监〔2019〕29 号）	福建省海洋与渔业局	2019
41	福建省人民政府办公厅关于印发福建省加快推进重要产品追溯体系建设实施方案的通知（闽政办〔2016〕72 号）	福建省人民政府	2016
42	福建省食品药品监督管理局关于推进重点食品生产企业追溯体系建设试点工作的通知（闽食药监食生函〔2016〕165 号）	福建省食品药品监督管理局	2016
43	福建省农业厅办公室关于做好茶叶生产主体追溯管理工作的通知（闽农厅办〔2016〕131 号）	福建省农业厅	2016

续表

序号	政策文件	发布部门	发布年份
44	南平市人民政府办公室关于印发南平市食品安全"一品一码"全过程追溯体系建设工作方案的通知（南政办〔2017〕200号）	南平市人民政府	2017
45	福建省食品安全信息追溯管理办法（福建省人民政府令第198号）〔2018-03-01实施〕	福建省人民政府	2017
46	广西壮族自治区食品药品监督管理局关于印发广西壮族自治区食品安全追溯管理办法（试行）的通知（桂食药监规〔2017〕7号）	广西壮族自治区食品药品监督管理局	2017
47	山西省农业农村厅办公室关于开展山西省农产品质量安全监管追溯信息平台试运行工作的通知（晋农办质监发〔2018〕364号）	山西省农业农村厅	2018
48	山西省农业农村厅关于加快推进农产品质量安全追溯体系建设的通知（晋农质监发〔2019〕7号）	山西省农业农村厅	2019
49	山西省农业农村厅办公室关于做好2020年农产品质量安全追溯工作的通知（晋农办质监发〔2020〕48号）	山西省农业农村厅	2020
50	陕西省人民政府办公厅关于印发《陕西省加快推进重要产品追溯体系建设实施方案》的通知（陕政办发〔2016〕69号）	陕西省人民政府	2016
51	陕西省食品药品监督管理局办公室关于加快推进白酒生产企业质量安全追溯体系建设的通知（陕食药监函〔2016〕347号）	陕西省食品药品监督管理局	2016
52	海南省人民政府办公厅关于印发海南省加快推进重要产品追溯体系建设实施方案的通知（琼府办〔2016〕242号）	海南省人民政府	2016
53	辽宁省人民政府办公厅关于印发辽宁省加快推进重要产品追溯体系建设工作实施方案的通知（辽政办发〔2016〕115号）	辽宁省人民政府	2016
54	四川省人民政府办公厅关于印发四川省加快推进重要产品追溯体系建设实施方案的通知（川办函〔2016〕78号）	四川省人民政府	2016
55	关于食用植物油生产企业建立食品质量安全追溯体系的指导意见（新食药监食〔2016〕128号）	新疆维吾尔自治区食品药品监督管理局	2016
56	关于加快推进重要产品追溯体系建设的实施意见（新政办发〔2016〕186号）	新疆维吾尔自治区人民政府	2016
57	关于继续推进重点食品生产企业建立食品安全追溯体系的通知（食药监办〔2017〕57号）	新疆维吾尔自治区食品药品监督管理局	2017
58	关于推动食品药品生产经营者完善追溯体系的指导意见（新食药监科〔2017〕95号）	新疆维吾尔自治区食品药品监督管理局	2017
59	关于进一步推进我区食品生产企业食品安全追溯体系建设工作的通知（食药监办〔2018〕69号）	新疆维吾尔自治区食品药品监督管理局	2018
60	省农委办公室关于推进贵州省农产品质量安全追溯体系建设的通知（黔农办发〔2018〕68号）	贵州省农业委员会	2018
61	省局关于印发《乳制品生产企业食品安全追溯信息记录规范（试行）》的通知（黑食药监规〔2017〕26号）	黑龙江省食品药品监督管理局	2017
62	省局关于印发《黑龙江省食品生产企业建立食品安全追溯体系实施意见》的通知（黑食药监规〔2017〕40号）	黑龙江省食品药品监督管理局	2017
63	关于进一步推进我区生产食品追溯体系建设工作的通知（宁食药监函〔2017〕224号）	宁夏回族自治区食品药品监督管理局	2017
64	江西省农业厅办公室印发《关于开展全省农产品质量安全追溯标准化建设试点工作的方案》的通知（赣农办字〔2017〕92号）	江西省农业厅	2017

第三章

我国食品追溯体系的建设始于 21 世纪初，虽然起步相对较晚，但发展迅速。我国食品追溯体系的建设，大致可以分为三个阶段，如表 3-3 所示。

表 3-3   我国食品追溯发展进程一览表

发展阶段	年份	食品追溯体系建设相关工作
第一阶段：2000—2006 年	2000	我国开始推进食品可追溯体系建设
	2003	国家质量监督检验检疫总局启动了"中国条码推进工程"，中国物品编码中心积极推进条码技术在食品跟踪与追溯中的应用，我国的蔬菜和牛肉产品首先拥有了属于自己的"身份证"
	2004	国务院发布了《关于进一步加强食品安全工作的决定》，明确要求建立农产品质量安全追溯制度
	2005	为进一步加强对动物疫病的防控以及畜禽产品和肉类食品的质量安全监管，农业部根据《动物防疫法》和《畜牧法》等相关法律，开始了动物标识及疫病可追溯体系建设的试点工作
	2000—2006	国家质量监督检验检疫总局和农业部等相关部门相继出台了法规，启动并开展了食品（农产品）质量安全追溯体系构建的试点示范工作，也为相关法规和标准的制定提供了实践基础
第二阶段：2006—2009 年	2006	《农产品质量安全法》颁布并实施，明确了农产品"从农田到餐桌"全过程控制的理念，为农产品追溯体系的建设提供了法律依据
	2006	农业部依据《农产品质量安全法》颁布了《畜禽标识和养殖档案管理办法》，首次提出了建立肉类食品追溯体系，并规定建立畜禽备案登记制度，要求从 2007 年开始在全国范围内建立"动物标识及疫病可追溯体系"
	2007	国家食品安全追溯平台正式上线，标志着肉类食品追溯工作更加透明化和系统化
	2008	农业部在北京举行"农垦农产品质量追溯系统建设项目"签约仪式
	2008	商务部和财政部等相关部委加快了在全国范围内建设肉类食品可追溯体系的试点工作
第三阶段：2009 年至今	2009	《食品安全法》及配套的《食品安全法实施条例》颁布并实施，更加明确了食品质量追溯和责任追溯
	2010	商务部启动了肉菜流通追溯体系建设项目，并进行试点工作，开展"从餐桌到田间"的肉类产业链追溯
	2015	《食品安全法》修订并实施，在第四十二条明确规定："国家要建立食品安全全程追溯制度。国务院食品药品监督管理部门会同国务院农业行政等有关部门建立食品和食用农产品全程追溯协作机制。"
	2018	《食品安全法》修订并实施，在第四十二条明确规定："国家建立食品安全全程追溯制度。食品生产经营者应当依照本法的规定，建立食品安全追溯体系，保证食品可追溯。国家鼓励食品生产经营者采用信息化手段采集、留存生产经营信息，建立食品安全追溯体系。国务院食品安全监督管理部门会同国务院农业行政等有关部门建立食品安全全程追溯协作机制。"

3.2.2   国内相关标准

食品安全追溯要依据标准。统一的标准是食品可追溯体系实施的首要基石，基于统一的标准，供应链上下游企业之间的可追溯信息方能有序流动、有效共享，实现食品追踪与溯源的功能。要建立完善的食品召回制度，就要健全科学、统一、权威的国家食品安全标准体系。食品追溯标准化对于可追溯系统的实现非常关键。依据全程食品追溯体系所涵盖内容，食品追溯标准分为技术标准、监督管理标准、培训教育标准三大类，包括基础标准（如术语和定义、缩略语、基本要求、基本设计和使用原则、测量和单位、建立程序、记录要求、基本信息要求等）、技术标准（关键技术要求，数据元规范，编码规则，追溯信息的分类和管理规范以及追溯工具、追溯方式等，如电子标签 RFID、磁卡等自动识别技术的应用方式和使用规范等）、专用标准（畜产品、水产品、果蔬类以及加工制品等各个不同产业的技术规范）、评价管理标准等方面的标准。我国制定的食品追溯相关的标准见表 3-4。

表 3-4　我国食品追溯相关标准一览表

序号	标准号	标准名称	实施日期
1	GB/T 38154—2019	重要产品追溯　核心元数据	2019-10-18
2	GB/T 38155—2019	重要产品追溯　追溯术语	2019-10-18
3	GB/T 38156—2019	重要产品追溯　交易记录总体要求	2019-10-18
4	GB/T 38157—2019	重要产品追溯　追溯管理平台建设规范	2019-10-18
5	GB/T 38158—2019	重要产品追溯　产品追溯系统基本要求	2019-10-18
6	GB/T 38159—2019	重要产品追溯　追溯体系通用要求	2019-10-18
7	GB/T 27424—2020	合格评定　非可溯源生物质控品质量控制规范	2020-11-19
8	GB/T 38563—2020	基于移动互联网的防伪溯源验证通用技术条件	2020-03-06
9	GB/T 37029—2018	追溯信息记录要求	2019-07-01
10	GB/T 28640—2012	流通畜禽肉冷链运输管理技术要求	2012-11-01
11	GB/T 34945—2017	信息技术　数据溯源描述模型	2017-11-01
12	GB/T 34062—2017	防伪溯源编码技术条件	2017-07-31
13	GB/T 22005—2009	饲料和食品链的可追溯性　体系设计与实施的通用原则和基本要求	2010-03-01
14	GB/Z 25008—2010	饲料和食品链的可追溯性　体系设计与实施指南	2010-12-01
15	GB/T 28843—2012	食品冷链物流追溯管理要求	2012-12-01
16	GB/T 29373—2012	农产品追溯要求　果蔬	2013-07-01
17	GB/T 29568—2013	农产品追溯要求　水产品	2013-12-06
18	GB/T 31575—2015	马铃薯商品薯质量追溯体系的建立与实施规程	2015-11-27
19	GB/T 33915—2017	农产品追溯要求　茶叶	2018-02-01
20	GB/T 36759—2018	葡萄酒生产追溯实施指南	2018-09-17
21	GB/T 37029—2018	食品追溯　信息记录要求	2019-07-01
22	GB/T 38154—2019	重要产品追溯　核心元数据	2019-10-18
23	GB/T 38155—2019	重要产品追溯　追溯术语	2019-10-18
24	GB/T 38157—2019	重要产品追溯　追溯管理平台建设规范	2019-10-18
25	GB/T 38158—2019	重要产品追溯　产品追溯系统基本要求	2019-10-18
26	GB/T 38159—2019	重要产品追溯　追溯体系通用要求	2019-10-18
27	SN/T 4529.3—2016	供港食品全程 RFID 溯源规程　第 3 部分:冷冻食品	2016-06-28
28	SN/T 4529.1—2016	供港食品全程 RFID 溯源规程　第 1 部分:水果	2016-06-28
29	SN/T 4529.2—2016	供港食品全程 RFID 溯源规程　第 2 部分:蔬菜	2016-06-28
30	SN/T 4528—2016	供港食品全程 RFID 溯源信息规范　总则	2016-06-28
31	SN/T 2983.2—2011	供港畜禽产地全程 RFID 溯源规程　第 2 部分:活禽	2011-09-09
32	SN/T 2983.1—2011	供港畜禽产地全程 RFID 溯源规程　第 1 部分:活猪	2011-09-09
33	SN/T 4941—2017	进口商品质量溯源规程	2017-11-07

第三章

续表

序号	标准号	标准名称	实施日期
34	SB/T 10680—2012	肉类蔬菜流通追溯体系编码原则	2012-06-01
35	SB/T 10681—2012	肉类蔬菜流通追溯体系信息传输技术要求	2012-06-01
36	SB/T 10682—2012	肉类蔬菜流通追溯体系信息感知技术要求	2012-06-01
37	SB/T 10683—2012	肉类蔬菜流通追溯体系管理平台技术要求	2012-06-01
38	SB/T 10684—2012	肉类蔬菜流通追溯体系信息处理技术要求	2012-06-01
39	SB/T 11059—2013	肉类蔬菜流通追溯体系城市管理平台技术要求	2014-12-01
40	SB/T 11124—2015	肉类蔬菜流通追溯零售电子秤通用规范	2015-09-01
41	SB/T 11125—2015	肉类蔬菜流通追溯手持读写终端通用规范	2015-09-01
42	SB/T 11126—2015	肉类蔬菜流通追溯批发自助交易终端通用规范	2015-09-01
43	RB/T 006—2019	商品流通过程电子溯源与信息服务系统建设规范	2019-06-26
44	YD/T 2843—2015	基于 Radius 上报用户溯源信息的技术要求	2015-05-05
45	T/CCOA 8—2020	稻米质量安全管理与溯源技术规范	2020-04-01
46	YD/T 3166—2016	IPv4/IPv6 过渡场景下基于 SAVI 技术的源地址验证及溯源技术要求	2016-07-11
47	GH/T 1200—2018	农资追溯电子标签(RFID)技术规范	2018-10-01
48	GH/T 1223—2018	种子追溯系统建设技术规范	2018-10-01
49	GH/T 1225—2018	农资质量追溯体系建设规范	2018-10-01
50	GH/T 1278—2019	农民专业合作社　农场质量追溯体系要求	2020-03-01
51	NY/T 1431—2007	农产品追溯编码导则	2007-12-01
52	NY/T 1761—2009	农产品质量安全追溯操作规程　通则	2009-05-20
53	NY/T 1762—2009	农产品质量安全追溯操作规程　水果	2009-05-20
54	NY/T 1763—2009	农产品质量安全追溯操作规程　茶叶	2009-05-20
55	NY/T 1764—2009	农产品质量安全追溯操作规程　畜肉	2009-05-20
56	NY/T 1765—2009	农产品质量安全追溯操作规程　谷物	2009-05-20
57	NY/T 1993—2011	农产品质量安全追溯操作规程　蔬菜	2011-12-01
58	NY/T 1994—2011	农产品质量安全追溯操作规程　小麦粉及面条	2011-12-01
59	NY/T 2531—2013	农产品质量追溯信息交换接口规范	2014-04-01
60	NY/T 2958—2016	生猪及产品追溯关键指标规范	2017-04-01
61	NY/T 3204—2018	农产品质量安全追溯操作规程　水产品	2018-06-01
62	NY/T 3817—2020	农产品质量安全追溯操作规程　蛋与蛋制品	2021-04-01
63	NY/T 3818—2020	农产品质量安全追溯操作规程　乳与乳制品	2021-04-01
64	NY/T 3819—2020	农产品质量安全追溯操作规程　食用菌	2021-04-01
65	QB/T 5279—2018	食盐安全信息追溯体系规范	2018-09-01
66	RB/T 011—2019	食品生产企业可追溯体系建立和实施技术规范	2019-07-01
67	RB/T 148—2018	有机产品全程追溯数据规范及符合性评价要求	2018-12-01
68	SB/T 10824—2012	速冻食品二维条码识别追溯技术规范	2013-06-01
69	SB/T 11059—2013	肉类蔬菜流通追溯体系城市管理平台技术要求	2014-12-01

序号	标准号	标准名称	实施日期
70	SB/T 11074—2013	糖果巧克力及其制品二维条码识别追溯技术要求	2014-12-01
71	SC/T 3043—2014	养殖水产品可追溯标签规程	2014-06-01
72	SC/T 3045—2014	养殖水产品可追溯信息采集规程	2014-06-01
73	SN/T 4911.1—2017	出口商品退运追溯调查技术规范　第1部分:通用要求	2018-06-01
74	SZDB/Z 164—2016	基于追溯体系的预包装食品风险评价及供应商信用评价规范	2016-02-01
75	T/CFLP 0028—2020	食品追溯区块链技术应用要求	2020-08-20
76	T/CSPSTC 13—2018	禽类产品追溯应用指南	2018-11-15
77	T/JSLX 001.5—2018	江苏大米　第5部分:质量追溯基础信息规范	2018-10-16
78	DB33/T 2031—2017	跨境电子商务进口商品信息溯源管理规范	2017-05-22
79	DB22/T 2171—2014	地理标志产品专用标志使用溯源管理规范	2014-11-25
80	DB52/T 620—2010	贵州省茶叶产品信息溯源管理指南	2010-08-18
81	DB510400/T004—2015	农产品溯源编码	2015-06-20
82	DB14/T 1980—2020	检测设备计量溯源管理规范	2020-01-10
83	DB45/T 1516—2017	产品二维码防伪溯源技术规范	2017-04-15
84	DB44/T 1911—2016	畜禽产品RFID溯源安全预警体系建设规范	2016-09-30
85	DB44/T 1566—2015	农作物产品物联网溯源应用框架	2015-03-26
86	DB34/T 2210—2014	农产品溯源要求　信息规范	2014-11-25
87	DB34/T 2211—2014	农业投入品溯源信息规范	2014-11-25
88	DB22/T 2171—2014	地理标志产品专用标志使用溯源管理规范	2014-11-25
89	DB15/T 863—2015	基于射频识别的畜产品追溯标签技术要求	2015-09-01
90	DB15/T 864—2015	基于射频识别的畜产品追溯读写器技术要求	2015-09-01
91	DB15/T 865—2018	基于射频识别的畜产品追溯数据格式要求	2015-09-01
92	DB15/T 866—2019	基于物联网的畜产品追溯服务流程	2015-09-01
93	DB15/T 867—2020	基于物联网的畜产品追溯应用平台结构	2015-09-01
94	DB15/T 989—2016	商品条码　白酒追溯码编码与条码表示	2016-07-30
95	DB15/T 990—2016	商品条码　乳粉及婴幼儿配方乳粉追溯码编码与条码表示	2016-07-30
96	DB15/T 991—2016	商品条码　食用植物油追溯码编码与条码表示	2016-07-30
97	DB15/T 992—2016	商品条码　小麦粉追溯码编码与条码表示	2016-07-30
98	DB21/T 2882—2017	肉牛肥育质量安全可追溯技术规程	2017-12-16
99	DB21/T 3038—2018	蔬菜产品质量安全追溯技术操作规程	2018-10-30
100	DB22/T 1936—2013	粮食产品质量安全追溯编码与标识指南	2013-12-31
101	DB22/T 1937—2013	粮食产品质量安全追溯数据采集规范	2013-12-31
102	DB22/T 2320—2015	粮食产品追溯标识设计要求	2015-11-01
103	DB22/T 2321—2015	粮食质量安全追溯系统设计指南	2015-11-01
104	DB22/T 2638—2017	黑木耳菌种质量可追溯规范	2017-08-12
105	DB22/T 3033.1—2019	畜禽产品质量安全追溯　第1部分:信息编码技术规程	2019-06-17
106	DB22/T 3033.2—2019	畜禽产品质量安全追溯　第2部分:操作技术规程	2019-06-17

续表

序号	标准号	标准名称	实施日期
107	DB31/T 1110.1—2018	食品和食用农产品信息追溯　第1部分:编码规则	2018-11-01
108	DB31/T 1110.2—2018	食品和食用农产品信息追溯　第2部分:数据元	2018-11-01
109	DB31/T 1110.3—2018	食品和食用农产品信息追溯　第3部分:数据接口	2018-11-01
110	DB31/T 1110.4—2018	食品和食用农产品信息追溯　第4部分:标识物	2018-11-01
111	DB32/T 2878—2016	水产品质量追溯体系建设及管理规范	2016-03-15
112	DB32/T 3407—2018	食品安全电子追溯标识解析服务数据接口规范	2018-07-10
113	DB32/T 3408—2018	食品安全电子追溯生产企业数据上报接口规范	2018-07-10
114	DB32/T 3409—2018	食品安全电子追溯数据交换接口规范	2018-07-10
115	DB32/T 3410—2018	食品安全电子追溯数据目录服务数据接口规范	2018-07-10
116	DB32/T 3411—2018	食品安全电子追溯信息查询服务数据接口规范	2018-07-10
117	DB32/T 3737—2020	食品安全电子追溯编码及表示规范	2020-03-01
118	DB32/T 3738—2020	食品安全电子追溯公众查询信息规范	2020-03-01
119	DB33/T 984—2015	电子商务商品编码与追溯管理规范	2015-08-16
120	DB34/T 1639—2012	农产品追溯信息采集规范　禽蛋	2012-05-24
121	DB34/T 1640—2020	农产品追溯信息采集规范　粮食	2020-07-22
122	DB34/T 1683—2012	农资产品追溯信息编码和标识规范	2012-10-21
123	DB34/T 1685—2012	食品质量追溯标准体系表	2012-10-21
124	DB34/T 1810—2012	农产品追溯要求　通则	2013-01-26
125	DB34/T 1898—2013	池塘养殖水产品质量安全可追溯管理规范	2013-07-27
126	DB34/T 3626—2020	农产品追溯信息采集规范　食用植物油	2020-07-22
127	DB34/T 3627—2020	农产品质量安全追溯风险预警指标体系规范	2020-07-22
128	DB34/T 3628—2020	农产品质量安全追溯管理平台操作规范	2020-07-22
129	DB34/T 3629—2020	农产品质量安全追溯管理平台信息管理规范	2020-07-22
130	DB34/T 3630—2020	农产品质量安全追溯项目管理	2020-07-22
131	DB35/T 1711—2017	食品质量安全追溯码编码技术规范	2018-02-28
132	DB35/T 1776—2018	进出口商品质量溯源技术要求	2018-05-22
133	DB35/T 1861—2019	食品质量安全追溯码编码技术规范　自然人	2019-12-11
134	DB36/T 1081—2018	养殖水产品可追溯数据接口规范	2019-06-01
135	DB36/T 679—2012	靖安白茶质量安全追溯操作规范	2012-09-01
136	DB36/T 680—2012	赣南脐橙质量安全追溯操作规范	2012-09-01
137	DB36/T 854—2015	猕猴桃质量安全追溯操作规范	2015-12-01
138	DB37/T 1804—2011	农产品追溯要求　肥城桃	2011-03-01
139	DB37/T 1805—2011	乳制品电子信息追溯系统通用技术要求	2011-03-01
140	DB37/T 3659—2019	重要产品追溯　食用农产品省市平台管理规范	2019-09-30
141	DB37/T 3660—2019	重要产品追溯　食用农产品省市平台建设规范	2019-09-30
142	DB37/T 3661—2019	重要产品追溯　食用农产品追溯码编码规则	2019-09-30
143	DB37/T 3662—2019	阿胶追溯体系设计与实施指南	2019-09-30

续表

序号	标准号	标准名称	实施日期
144	DB37/T 3689.1—2019	玉米品种及其亲本系谱追溯分析平台建设技术规范　第1部分：总体框架	2019-10-20
145	DB37/T 3805—2019	商品猪养殖和屠宰环节追溯信息采集技术规范	2020-01-24
146	DB37/T 3970—2020	茶叶质量安全追溯系统建设要求	2020-07-08
147	DB37/T 4026—2020	食用农产品可追溯供应商评价准则	2020-08-09
148	DB37/T 4027—2020	食用农产品可追溯供应商通用规范　果蔬	2020-08-09
149	DB37/T 4127—2020	产品可追溯性评价准则	2020-10-25
150	DB37/T 4128—2020	老字号产品追溯管理平台通用技术要求	2020-10-25
151	DB37/T 4129—2020	重要产品追溯操作规程　大蒜	2020-10-25
152	DB37/T 4130—2020	重要产品追溯操作规程　鸡蛋	2020-10-25
153	DB41/T 1776—2019	蔬菜质量安全追溯　操作规程	2019-05-13
154	DB41/T 1777—2019	蔬菜质量安全追溯　产地编码技术规程	2019-05-13
155	DB41/T 1778—2019	蔬菜质量安全追溯　信息采集规范	2019-05-13
156	DB41/T 1779—2019	蔬菜质量安全追溯　信息编码和标识规范	2019-05-13
157	DB41/T 1793—2019	冷鲜肉产业链安全追溯管理规范	2019-06-19
158	DB41/T 1846—2019	冷却肉冷链运输追溯规程	2019-09-17
159	DB41/T 1857—2019	农产品质量安全追溯信息编码与标识规范	2019-09-17
160	DB44/T 1267—2013	捕捞对虾产品可追溯技术规范	2014-03-20
161	DB44/T 737—2010	罗非鱼产品可追溯规范	2010-07-01
162	DB44/T 910—2011	养殖对虾产品可追溯规范	2011-12-01
163	DB45/T 1308—2016	花生质量安全追溯操作规程	2016-06-01
164	DB45/T 1334—2016	食品生产企业追溯系统　导则	2016-06-30
165	DB45/T 1392—2016	胡萝卜产品质量安全追溯操作规程	2016-10-30
166	DB45/T 1446—2016	早熟温州蜜柑产品质量安全追溯操作规程	2017-01-15
167	DB45/T 1894—2018	柑橘质量安全追溯操作规程	2018-12-30
168	DB45/T 2101—2019	百香果质量安全追溯操作规程	2020-01-30
169	DB46/T 269—2013	农产品流通信息追溯系统建设与管理规范	2014-02-01
170	DB51/T 2462—2018	县级农产品质量安全追溯体系建设规范	2018-05-01
171	DB522200/T 04—2018	梵净山茶叶产品质量安全追溯操作规程	2018-12-06
172	DB64/T 1652—2019	宁夏枸杞追溯要求	2020-02-01
173	DB64/T 1706—2020	贺兰山东麓葡萄酒质量安全追溯指标技术规范	2020-08-18
174	DB65/T 3324—2014	农产品质量安全信息追溯　编码及标识规范	2014-12-25
175	DB65/T 3624—2014	奶业追溯条形码编码结构规范	2014-07-03
176	DB65/T 3625—2014	奶业追溯条形码编码规范	2014-07-03
177	DB65/T 3674—2014	农产品质量安全信息追溯　追溯系统通用技术要求	2014-12-25
178	DB65/T 3675—2014	农产品质量安全信息追溯　数据格式规范　种植业	2014-12-25
179	DB65/T 3676—2014	农产品质量安全信息追溯　标签设计要求	2014-12-25

3.3 国外法律与标准

  欧盟、美国、加拿大、日本、澳大利亚等国家已经把全程食品追溯纳入到法律框架下，对溯源都具有强制性要求，严格规定溯源的门类、细节，不符合标准的产品不准上市流通。美国虽然没有明确的法律要求企业对产品进行溯源标识，但是其建立的一系列其他食品安全制度，如主动召回等，对企业建设溯源体系起到了软强制的作用。

  食品溯源的要求和技术细节时刻变化，因此法律法规也在不断修正补充。例如，欧盟已经形成以《第 178/2002 号法案》为核心的农产品、食品质量安全追溯法律体系，其主要结构可以分为 2 个层次：上层是以基本法为基础的食品安全领域原则性规定；下层为在基本法案所确定原则指导下形成的具体措施和要求，主要针对不同种类农产品分别制定。美国主要是在 1938 年制定的《联邦食品药品化妆品法案》基础上进行修订和补充，形成了以《生物反恐法案》和《食品安全现代化法案》为核心的农产品/食品追溯法律框架，并不断修正相关溯源细节和标准。

  食品安全现已成为世界性问题，欧盟、美国、日本、澳大利亚、韩国等国家和组织对食品的识别、登记、标签表示、召回均做出明确规定，也要求对出口到当地的部分食品必须具备可追溯性。例如，欧盟《基本食品法》第 18 条明确要求，凡是在欧盟销售的食品（包括进口食品）必须可追溯，否则不允许上市。食品信息法规［(EU) No1169/2011］要求必须确保消费者通过互联网等方式购买预包装产品时，在购买前免费获得食品名称、成分列表、营养数值、保质期、储藏条件、原产国等强制信息。欧盟管理法规（No.178/2002）要求从 2005 年 1 月 1 日起在欧盟范围内销售的所有肉类食品都能够进行跟踪与追溯，否则就不允许上市销售。美国的《公共健康安全与生物恐怖应对法》（2002 年）规定了将食品安全提高到国家安全战略高度，提出"实行从农场到餐桌的风险管理"，明确产品生产和食品进口要求。日本建立的 JAS 制度（日本农业标准制度），要求对进入日本市场的农产品进行"身份"认证。

3.3.1 国际食品法典委员会标准

  国际食品法典委员会（Codex Alimentarius Commission，CAC）食品溯源相关标准见表 3-5。

表 3-5　国际食品法典委员会食品溯源相关标准

序号	标准号	标准名称	实施日期
1	CAC/GL 60—2006	可追溯性原则/产品追溯作为食品检验和认证系统中的一种工具	2006
2	CAC/GL 19—2004	食品应急状况信息交换导则	2004
3	CAC/GL 20—1995	食品进出口检验与认证原则	1995
4	CAC/GL 26—2010	食品进出口检验和认证系统的设计、实施、评估和认证指南	2010
5	CAC/GL 62—2007	政府应用的食品安全风险分析工作准则	2007

序号	标准号	标准名称	实施日期
6	CAC/GL 69—2008	食品安全控制措施有效性验证准则	2008
7	CAC/GL 71—2009	关于食品生产中使用兽药相关国家监管食品安全保证计划的设计和实施准则	2009
8	CAC/MISC 6—2011	食品添加剂法典规范清单	2011
9	CAC/RCP 1—2003	食品卫生通用原则	2003

3.3.2 国际标准化组织标准

国际标准化组织（ISO）、美国材料实验协会（American Society of Testing Materials，ASTM）、德国标准化学会（Deutsches Institut für Normung e. V.，DIN）、韩国工业标准（Korean Industrial Standards，KS）、韩国标准协会（Korean Standards Association，KSA）等标准化组织相关标准见表 3-6。

表 3-6　国际标准化组织食品溯源相关标准

序号	标准号	标准名称	实施日期
1	ISO 22000:2018	食品安全管理体系　食物链上所有组织的要求	2018-11
2	ISO 22005:2007	饲料和食品链的可追溯性——体系设计和开发的总体原则和指南	2007-07
3	ISO 18537:2015	甲壳类动物产品的可追溯性　甲壳动物捕获分布链中已记录的信息规范	2015-10
4	ISO 18538:2015	软体动物产品的可追溯性　将被记录在养殖的软体动物分销链中的信息的规格	2015-08
5	ISO 18539:2015	软体动物产品的可追溯性　将被记录在捕获的软体动物分销链中的信息的规格	2015-09
6	ISO 16741:2015	甲壳类产品的可追溯性　将被记录在养殖的甲壳类分销链中的信息的规格	2015-09
7	ISO 12877:2011	长须鲸的可追溯性　养殖长须鲸分配链中记录的信息规范	2011-08
8	ISO 12875:2011	长须鲸的可追溯性　捕获长须鲸分配链中记录的信息规范	2011-09
9	ISO 20395:2019	生物技术　核酸目标序列量化方法性能评估要求 qPCR 和 dPCR	2019-08
10	ISO 1871—2009	食品和饲料产品　凯氏法(Kjeldahl)测定氮的通用指南	2009-09
11	ISO 5498—1981	农产食品　粗纤维含量的测定　一般方法	1981-04
12	ISO 7002—1986	农产食品　从大量食品中标准取样法的方案	1986-12
13	ISO 7218—2007	食品和动物饲料微生物学　微生物检验的一般要求和指南	2007-08
14	ISO 7218 AMD 1—2013	食品和动物饲料的微生物学　微生物检验的一般要求和指南	2013-08
15	ISO 8086—2004	乳品厂　卫生条件　检验通用指南和取样程序	2004-12
16	ISO 10272-1—2017	食物链微生物学　弯曲杆菌属检测和计数用水平方法　第 1 部分:检测方法	2017-06
17	ISO 10272-2—2017	食物链微生物学　弯曲杆菌属检测和计数用水平方法　第 2 部分:菌落计数技术	2017-06

续表

序号	标准号	标准名称	实施日期
18	ISO 10273—2017	微生物学　伪结肠耶尔森氏结肠杆菌病原检测的总则	2017-03
19	ISO 22000—2005	食品安全管理体系　食物链上所有组织的要求	2005-09
20	ISO 22004—2014	食品安全管理制度 ISO 22000 应用指南	2014-09
21	ISO 22117—2019	食物链微生物学实验室间比对能力验证的具体要求和建议	2019-02
22	ISO 22118—2011	食品和动物饲料微生物学　食源性致病菌的检测与量化用聚合酶链反应(PCR)性能特点	2011-07
23	ISO 22119—2011	食品和动物饲料微生物学　食源性致病菌的检测与量化用实时聚合酶链反应(PCR)一般要求与定义	2011-07
24	ISO 22174—2005	食物和动物饲料的微生物学　食物病原体检测用聚合酶链反应(PCR)一般要求和定义	2005-02
25	ISO/TS 22003:2013	食品安全管理体系　食品安全管理体系审核和认证机构要求	2013-12
26	ISO/TS 11356:2011	作物保护设备可追溯性喷雾参数记录	2011-07
27	ISO/ASTM 51261:2013	辐射处理用常规剂量测定系统校准的标准实施规程	2013-04
28	ISO/TS 13136:2012	食品和动物食品微生物学　检测食源性病原菌用实时聚合酶链反应(PCR)基方法　O157、O111、O26、O103 和 O145 血清组的测定和志贺毒素产生的大肠杆菌(STEC)检测用水平方法	2012-11
29	ISO/TS 17919—2013	食物链的微生物学　检测食源性病原菌的聚合酶链反应(PCR)产生神经毒素梭状芽孢杆菌的 A、B、E 和 F 型肉毒菌的检测	2013-11
30	ISO/TS 18867—2015	食物链的微生物学　食源性病原体检测用聚合酶链反应(PCR)致病性小肠结肠炎耶尔森氏菌和假结核耶尔森氏菌的检测	2015-09
31	ISO/TS 26030—2019	社会责任与可持续发展　在食品链中使用 ISO 26000—2010 的指南	2019-12
32	ISO/TS 34700—2016	动物福利管理　食品供应链组织的通用要求和指南	2016-12
33	ASTM D4131—2024	用鱼藤酮采集鱼样的标准操作规程	2024-04
34	ASTM D6568—2018	水样品可追踪化学分析的计划、实施和报告的标准指南	2018-08
35	CEN/TR 16208—2011	生物基础产品　标准的概述	2011-05
36	BS EN ISO 22005—2007	饲料和食品链的可追溯性体系设计与实施的通用原则和基本要求	2007-11
37	BS ISO 12875—2011	成品的溯源性　记录在存有成品批发链的资料说明书中	2011-09
38	DIN CWA 6597—2013	FishBizz 商业案例　鱼产品销售和质量监控	2013-08
39	DS/ISO 12875—2011	有鳍鱼产品的可追溯性　捕获的有鳍鱼分销链中要记录的信息规范	2011-10
40	NF V01-016—2019	食品可追溯性和安全　管理和卫生　肉类、肉末和/或肉制品直接交付中的卫生等级验证	2019-12
41	NF V46-007—1997	发育成熟的牛的肉　经鉴定的肉的可追踪性　屠宰房	1997-02
42	NF V46-010—1998	成牛的牛肉　作有标识的牛肉的可追踪性　屠宰厂、去骨、肉加工、包装和销售	1998-09
43	NF V46-011—1999	猪肉的可追踪性　猪肉的识别:屠宰编号的应用规则	1999-02
44	GOST 33525—2015	糖果糕点　糖果产品生产链的可追溯性	2017-01
45	GOST R 55793—2013	功能性食品　生物活性食品补充剂　可追溯性要求	2015-07

续表

序号	标准号	标准名称	实施日期
46	GB/Z 25008—2010	饲养和食物链的追溯性系统设计和执行的通用规则与基础要求	2010-12
47	CFR 50-300323—2017	野生动物和渔业第 300 部分:国际渔业条例第 Q 子部分:国际贸易文件和跟踪计划第 300323 节:报告和记录保存要求	2017-01
48	CFR 50-300324—2017	野生动物和渔业第 300 部分:国际渔业条例第 Q 子部分:国际贸易文件和跟踪计划第 300324 节:海鲜可追溯性计划	2017-01
49	NS-EN ISO 34101-3:2019	可持续和可追溯的可可　第 3 部分:可追溯性要求	2019-07
50	ABNT NBR 15654—2009	养蜂　蜂蜜　可追溯体系	2009-01
51	ISO 22000—2014	食品安全管理系统　食品链中各类组织的要求　第五部分:饲料和食品链的可追溯性　系统设计与实现的一般原则和基本要求	2014-02
52	UAES/GSO 2143—2011	转基因产品风险率及溯源性的一般要求	2011-08
53	KS J ISO 7218—2007	食品和动物饲料的微生物学微生物检验通用要求和指南	2007-11
54	KS Q ISO TS 22004—2009	食品安全管理制度 ISO 22000—2005 应用指南	2009-09
55	KS Q ISO 22000—2009	食品安全管理体系食物链上所有组织的要求	2009-09
56	KS Q ISO 22005—2009	饲料和食品链中可追溯性系统设计和执行的通用原则和基本要求	2009-09

注:CFR,美国联邦法规,Code of Federal Regulations。NF,法国标准的代号,其管理机构是法国标准化协会(AFNOR)。

3.3.3　欧盟法令和标准

欧盟于 1997 年开始建立食品安全追溯制度。欧盟的食品追溯制度的构建起源于一直持续的"疯牛病危机"。1996 年 3 月 6 日,疯牛病暴发,英国政府承认疯牛病对人类有致命危害,导致欧盟多国牛肉销量下降,给多国的农业尤其是畜牧业带来了巨大损失,同时也给欧盟各个国家的食品监管部门带来了巨大的压力。为扭转该局面,欧盟从 1997 年开始逐步研究建立食品追溯制度。最初食品安全追溯的提出,就是为了能够快速锁定问题食品的范围和责任,能够实现快速召回,避免危害进一步扩散。2000 年 1 月,欧盟颁布了《食品安全白皮书》,要求以控制"从农田到餐桌"全过程为基础,明确相关生产经营者的责任。2000 年出台了欧盟第 1760/2000 号法规,通过立法要求建立包括牛的识别和注册体系、牛肉和牛肉制品的标签标志的可溯源制度。2000 年,欧盟又颁布了《通用食品法》,要求从 2005 年 1 月 1 日起在欧盟范围内上市的所有食品都必须具备可追溯性。此后,欧盟在 2001 年推行了鱼类产品的可追溯;2003 年出台了相关政策要求转基因食品进行标识,并且要求具备可追溯功能;2004 年开始建立蛋制品产销档案制度;2005 年 1 月颁布了法令《食品法》,明确要求在其境内销售的蔬菜、水果和牛肉等食品必须具有食品可追溯系统。

欧盟对食品溯源的要求和特点如下:

(1)所有食品都必须可追溯

《欧盟一般食品法》规定,所有食品和饲料都必须进行追溯,所有食品和饲料企业都要建立起专门的追溯系统,能够查到食品和饲料的来源和去向,并能随时向政府食品安全管理部门提供此类信息。食品、饲料在生产、加工及销售的所有阶段都应建立可追溯制度,并进行追溯登记。欧盟从 2005 年起要求在欧盟范围内销售的所有食品都能够进行跟踪与追溯,否则就不允许上市销售。

（2）牛及牛肉制品的可追溯

欧盟的畜产品可追溯系统主要应用在牛及牛肉制品的生产和流通领域。欧盟强制性要求入盟国家对牛及牛肉制品的生产和流通实施追溯制度，自 2002 年 1 月 1 日起，所有在欧盟国家上市销售的牛肉产品必须在牛肉产品的标签上标明牛的出生国、饲养国、屠宰场许可号、加工所在国家和加工车间号，否则不允许上市销售。在牛肉加工的每个阶段，必须能够获知下面的信息：牛肉所属牛的产地、把肉同动物或动物种群相联系的参考代码、欧盟批准的对肉类加工的地点（屠宰场和分割场）。在牛肉加工的每一个环节都必须在加工地点之间建立起牛肉进货批号和出货批号的联系。

牛从出生到屠宰，针对牛及运输牛的个体识别数据都记录在集中的数据库中，记录的数据信息包括：一是喂养动物的饲料的性质、种类、来源和配料；二是牲畜患病情况，使用兽药的种类、来源以及其他治疗手段，施用药物的日期和停止用药的时间；三是可能影响以动物为原料的食品安全的疾病；四是从动物样本上获得的可能关系到人类健康的分析结果；五是从对动物和动物原产地的产品检查中得到的相关报告；六是屠宰加工场收购活体牲畜时，养殖方必须提供上述信息的记录；七是屠宰后被分割的牲畜肉块，也必须有强制性的标识，包括可追溯号、出生地、屠宰场批号、分割厂批号等内容，通过这些信息，可以追踪每块肉的来源。一头牛从出生、喂肥、迁徙到屠宰（或自然死亡）的"一生"都要进入欧盟的数据库。农户自牛出生起就给其打上耳标，标示出生地及日期等关键信息，并通过条形码将这些信息录入计算机系统。有些成员国还设置了动物护照等。以德国为例，一头牛的护照至少应包含出生日期、来源地、耳标号码以及所有者姓名、地址。

（3）对食品标签可追溯的规定

从 2005 年 1 月 1 日起，凡是在欧盟国家销售的食品必须带有可追溯标签，要具备可追溯性，否则不允许上市销售；不具备可追溯性的食品禁止进口。可追溯性系统相关基本信息应包括下列几项：供货商名称、地址、产品名称，销售对象的名称、地址及其销售产品名称、交易或交货日期；产品的交易量、条形码、其他相关信息（如定量包装或散装、水果或蔬菜种类、原料或加工产品）。相关数据须至少保存 5 年，供追溯时查询。

（4）对转基因食品可追溯的规定

食品里如果有转基因成分，欧盟要求必须登记该转基因成分的来源，并在食品标签上用显著的字体标明转基因成分，确保消费者在知情的情况下选择自己喜欢的食品，知道自己吃到的食品里含有什么成分。欧盟明确提出要追踪转基因生物以及转基因制品。企业必须保存并提供涉及转基因食品生产的整个环节的信息，信息保存时间不能低于 5 年，目的是准确判断转基因食品的来源与流动方向。

（5）建立欧盟统一的食品可追溯系统

欧盟可追溯系统覆盖了从农田到餐桌的全产业链。欧盟及其主要成员国建立了统一的食品可追溯数据库，详细记载生产链中被监控食品对象移动的轨迹，监测食品的生产和销售状况。欧盟等国采用 EAN·UCC 系统成功地对牛肉等食品开展了跟踪与溯源。在欧盟等发达国家，动物养殖场规模一般都很大，一头猪可能是在德国出生、在意大利生长、在法国屠宰和分割、在比利时储存、在希腊销售，可见猪的产业链条长、环节多，由于供应链各个环节的参与方都遵守和使用 EAN·UCC 系统，建立专门的食品供应链可追溯数据库来进行管理，一旦发生猪肉制品质量安全问题，可以做到全程跟踪与食品安全追溯管理。

（6）建立"食品和饲料快速预警系统"

欧洲在1979年建立了"食品和饲料快速预警系统"。当一国市场上出现食品安全问题时，该国要立即把有关情况报告给欧盟，通过"食品和饲料快速预警系统"迅速交换信息，并果断采取恰当的应急处置措施。欧盟根据情况来确定在其他国家采取何种行动，并把行动指令发给各成员国，如封存、召回、禁止进口、禁止出口等。

欧盟已经颁布了《通用食品法》（EC 178/2002）、《有关食品卫生的法规》、《规定动物源性食品特殊卫生规则的法规》、《规定人类消费用动物源性食品官方控制组织的特殊规则的法规》、《食品卫生法》、《欧盟食品安全卫生制度》等20多部食品安全法规。其中，EC 178/2002号规定制定了欧盟统一的食品法的基本原则与要求，提出建立欧洲食品安全局（European Food Safety Authority，EFSA），并且出台了相关的程序。此规定提出"目前食品危害已经明确了需要拥有一套囊括食品和饲料等产品的更加先进的快速预警系统"，即此后建立的新型食品和饲料快速预警系统（Rapid Alert System of Food and Feed，RASFF）。

欧盟食品溯源相关法律法规见表3-7。

表3-7　欧盟食品溯源相关法律法规

序号	法律法规名称	发布部门	发布年份
1	有机生产及有机产品标签法规	欧盟委员会	2018
2	关于婴幼儿食品、特殊医疗用途食品和控制体重代餐的条例	欧洲议会	2016
3	欧盟食品安全白皮书	欧盟	2000
4	欧盟食品及饲料安全管理法规	欧盟	2006
5	EC 178/2002号法令	欧盟	2002

3.3.4　美国和加拿大法律和标准

美国建立食品追溯制度的原因有两个方面：一是为了应对日益增多的食品安全事件；二是由于反恐的考虑，将食品质量安全上升到了国防安全需要的层面。在食品追溯体系的构建上，美国的设计方式是以食品企业自建为主体，政府要求为辅助。国家政府部门对动物源性产品的生产和流通发布了原产地标识，并建立了国家动物产品的追溯体系，而其他食品的可追溯性建立则更强调市场需求的导向，鼓励企业自行开发建立食品的可追溯系统。在建立的范围上聚焦于食品可追溯的上游环节，强制要求生产企业建设食品可追溯体系，并明确规定产地种植、养殖环节标签标识的各类要求。在建立的手段和形式上，美国政府引导食品行业采用射频识别（RFID）技术作为个体标识载体的追溯技术。与此同时，强化养殖和加工环节的质量安全管控，例如在食品加工环节采用GMP（Good Manufacture Practice，良好作业规范）和HACCP（Hazard Analysis and Critical Control Point，危害分析和关键控制点）体系认证，加强质量监管。

《美国联邦法典》规定美国的食品安全监管主要由食品安全检疫局（Food Safety and Inspection Service，FSIS）和食品与药品管理局（Food and Drug Administration，FDA）负责。FSIS和FDA在法律的授权下监管食品市场，召回缺陷食品。美国食品溯源相关的法律主要有：《联邦食品、药品与化妆品法》（Federal Food Drug and Cosmetic Act，FFDCA）、《消费者产品安全法》、《食品质量保护法》、《公共卫生服务法》、《联邦肉产品检验法》（Federal Meat Inspection Act，FMIA）、《禽产品检验法》（Poultry Products Inspection Act，PPIA）等。

加拿大食品安全监管采取联邦制，实行联邦承担部分风险分析工作，省和市三级行政管理体制。由国会制定的法令和由政府机构为主制定的法规是加拿大的主要法律形式，法规是对法令的详细阐述。加拿大涉及食品安全最主要的法律是《食品与药品法》（Food and Drugs Act），其他有关法律包括《农产品法》（Canada Agricultural Products Act）、《食品检验机构法》（Canada Food Inspection Agency Act）、《动物健康法》（Health of Animals Act）、《肉类监督法》（Meat Inspection Act）、《植物保护法》（Plant Protecion Act）、《种子法》（Seed Act）以及《消费品包装及标签法》（Consumer Packaging and Labelling Act）等。在每一部法律下面，都制定有《食品安全基本法》等。根据不同的饮食品种，数量不等的法规，分别对法令所涉及的产品或领域进行详细规定和要求。

美国和加拿大主要的食品溯源相关法规见表3-8。

表 3-8　美国和加拿大食品溯源主要法规一览表

序号	法律法规	发布部门	发布年份
1	食品安全增强法	美国国会	1997
2	植物检疫法	美国国会	1912
3	联邦植物保护法	美国国会	2000
4	公共卫生安全与卫生恐怖防范应对法	美国国会	2003
5	食品安全现代化法案（Food Safety Modernization Act，FSMA）	美国国会	2011
6	蛋类产品检验法	美国国会	1997
7	禽类食品检验法	美国国会	1968
8	联邦肉类检查法	美国国会	1906
9	肉类制品监督法	美国国会	1906
10	美国产品责任法	美国国会	2013
11	美国检疫法	美国国会	1994
12	食品质量保护法	美国国会	1996
13	食品安全加强法案（Food Safety Enhancement Act，FSEA）	美国国会	2009
14	联邦食品、药品与化妆品法（Federal Food Drug and Cosmetic Act，FFDCA）	美国国会	1938
15	公共卫生安全与生物恐怖主义预警应对法	美国疾控中心（CDC）	2002
16	食品安全跟踪条例	美国食品与药品管理局（FDA）	2003
17	加拿大食品检验局法	加拿大议会	1997
18	食品药品管理条例	加拿大卫生部	2017
19	加拿大不列颠哥伦比亚省蔓越橘法令	加拿大司法部	2011
20	肉制品检验条例（Meat Inspection Regulations）	加拿大司法部	2009
21	加拿大天然保健品条例（Natural Health Products Regulations）	加拿大司法部	2009

续表

序号	法律法规	发布部门	发布年份
22	加拿大食品药品法案（Food and Drugs Act，FDA）	加拿大司法部	2009
23	加工蛋品条例（Processed Egg Regulations）	加拿大司法部	2009
24	农产品机构法案（Farm Products Agencies Act）	加拿大司法部	2009
25	加工产品条例（Processed Products Regulations）	加拿大司法部	2009
26	加拿大有机产品条例（Organic Products Regulations）	加拿大司法部	2009

3.3.5　澳大利亚和新西兰法律和标准

澳大利亚、新西兰食品溯源主要法律法规见表 3-9。

表 3-9　澳大利亚、新西兰食品溯源主要法律法规

序号	法律法规	发布部门	发布年份
1	禽肉及其制品出口管制细则	澳大利亚堪培拉司法部立法起草办	2010
2	野味及其制品出口管制细则	澳大利亚农业、渔业和林业部	2010
3	澳大利亚进口食品管制条例	澳大利亚堪培拉司法部立法起草办	2009
4	兔和兔肉出口管制细则	澳大利亚堪培拉司法部立法起草办	2010
5	食品卫生条例	新西兰政府	1974
6	食品安全法	新西兰政府	2010
7	新西兰 1981 年食品法	新西兰政府	1981
8	澳大利亚新西兰食品标准法典	澳新政府联合	2017
9	食品安全条例	澳联邦政府	1998
10	食品法案	澳联邦政府	1998

3.3.6　日本法律

日本为了应对其国内的食品安全事件，响应消费者对食品企业从严监管的要求，从欧盟引进了"食品可追溯制度"。随着日本社会对食品安全越来越重视，日本一直在改革完善其食品管理体系。2003 年，为了使政府的管理能力得到提升，日本于其内阁府中加入了食品安全委员会，从而奠定了食品安全委员会、农林水产省和厚生劳动省"三位一体"食品安全管理体系。

2003 年 4 月，日本农林水产省发布了《食品安全可追溯制度指南》，用于指导食品生产经营企业建立食品可追溯制度，先后经过 2007 年和 2010 年两次修改和完善。该指南规定了农产品生产和食品加工、流通企业建立食品安全可追溯系统应当注意的事项。农林水产省还制定了不同产品如蔬菜、水果、鸡蛋、鸡肉、猪肉等可追溯系统以及生产、加工、流通不同阶段的操作指南。根据这些规定，日本全国各地的农产品生产和食品加工、流通企业纷纷建立了适合自身特点的食品可追溯系统。例如，日本对牛肉和大米强制实行可追溯制度，进行全程可追溯，其他产品是根据自身情况实行可追溯制度。

日本是世界上对于进口食品安全方面的检查最为严格的国家之一。2006年日本政府进一步完善它的食品安全监管制度，实行了《食品残留农业化学品肯定列表制度》。日本通过立法决定2005年之前建立"食品身份认证制度"，以便对食品进行追溯。国际贸易组织协定在卫生和检疫控制方面，允许引入追溯制度。

日本食品安全管理有一套完整的法律和标准体系，主要包括《食品安全基本法》《食品卫生法》《健康促进法》《屠宰法》《禽类屠宰管理与检查法》《加强食品生产过程中管理临时措施法》《农林物质标准化及质量规格管理法》《食品与农业农村基本法》等。根据不同的饮食品种，日本相继制定了相关的规则，如《牛奶营业取缔规则》《清凉饮料水取缔规则》《饮食物防腐剂漂白剂取缔规则》《饮食物添加剂取缔规则》《饮食物器具取缔规则》等。日本食品溯源相关法规和标准见表3-10。

表3-10 日本食品溯源相关法规和标准

序号	法律和标准名称	发布部门	发布年份
1	食品卫生法	厚生劳动省	2016
2	健康促进法	厚生劳动省	2003
3	肉食鸡的事业规制以及检查的相关法律	厚生劳动省	1991
4	食品安全基本法（The Food Safety Basic Law）	日本国会	2006
5	家禽屠宰企业控制和家禽检查法	日本健康劳动福利部	2007
6	检疫法	厚生劳动省	1951
7	日本有机农产品加工食品标准（Japanese Agriculture Standard，JAS）	厚生劳动省	2002

3.3.7 其他国家和地区法律和标准

其他国家和地区食品溯源相关的法律和标准见表3-11。

表3-11 其他国家和地区食品溯源相关的法律和标准

序号	法律和标准名称	发布部门	发布年份
1	进口食品等检查相关规定	韩国食品药品安全部	2020修订
2	食品卫生法	韩国食品药物管理局	2011
3	食品法典	韩国食品药物管理局	2011
4	转基因食品标识基准	韩国食品医药品安全厅	2000
5	食品销售法	新加坡议会	2017修订
6	食品条例	新加坡国家发展部	2017修订
7	健康产品（豁免良好流通规范要求）条例	新加坡卫生科学局	2016
8	健康肉类与鱼类（进出口及转运）通则	新加坡国家发展部	1999
9	健康肉类与鱼类法案	新加坡农粮兽医局	1999
10	渔业法	新加坡农粮兽医局	1996
11	饲料原料法	新加坡农粮兽医局	2000修订
12	新加坡食品和健康产品的分类指南	新加坡卫生科学局	2017
13	食品安全（强化食品）法规	印度食品安全标准局	2018

续表

序号	法律和标准名称	发布部门	发布年份
14	功能性食品法规	印度食品安全标准局	2016
15	食品安全召回条例	印度食品安全标准局	2017
16	食品安全标准（进口）操作指南	印度食品安全标准局	2017
17	关于食品添加剂在食品中使用的指导说明	印度食品安全标准局	2017
18	等渗电解质饮料相关法规	马来西亚卫生部	2019
19	在南非销售的乳制品和仿乳制品的分类、包装和标记条例	南非农业、林业和渔业部	2019
20	母婴健康营养法	菲律宾国会	2018
21	国际农粮植物种源协定法规	印尼人权和司法部	2006
22	卡塔赫纳生物安全议定书	联合国	2000

思考练习

1. 国际上主要国家和组织食品溯源管理的主要特点是什么？
2. 我国食品溯源相关的主要法规和标准有哪些？

请扫二维码
查询参考答案

参考文献

[1]　康俊莲 . 中国食品安全的政府监管权力配置问题研究［D］. 东北师范大学，2020.
[2]　侯月丽，章学周，郑重，等 . 中外食品安全溯源相关法规标准探析［J］. 中国标准化，2017，（21）：76-80.
[3]　龙红，梅灿辉 . 我国食品安全预警体系和溯源体系发展现状及建议［J］. 现代食品科技，2012，28（09）：1256-1261.
[4]　庞乐君，李哲 . 全球食品溯源法规制度现状和比较［J］. 上海预防医学，2015，27（06）：305-307.
[5]　陈娉婷，罗治情，官波，等 . 国内外农产品追溯体系发展现状与启示［J］. 湖北农业科学，2020，59（20）：15-20.

第四章
食品召回

本章导读

  食品安全问题推动着国际组织和各国政府，特别是发达国家逐步建立和完善食品安全管理体系，加强食品安全监管工作。食品召回作为应对食品安全事件的一项重要举措，在使食品安全管理体系更加完善的同时，能引导食品生产经营者在生产经营活动中遵循经济活动诚实守信的道德准则，更好地保护消费者的合法权益。本章将从《食品安全法》的视角，系统介绍食品召回制度和食品召回体系，并结合逆向物流理念，优化食品召回流程。

学习目标

1. 了解食品召回的定义和背景知识，包括食品召回的原因、影响以及食品召回的目的和重要性。
2. 了解不同国家有关食品召回的法律法规和相关政策，包括食品召回的程序和要求，以及相关的监管机构和责任方。
3. 理解食品召回的风险评估和管理，包括食品安全风险的识别、评估和控制措施，以及食品召回的决策过程和执行步骤。
4. 了解食品召回的主体、对象。

4.1 概述

随着经济全球化的发展以及人口、环境、资源可持续发展战略的推进，中国食品安全监管工作面临着新的形势与挑战。食品召回制度作为食品安全监督管理的重要手段和食品安全控制体系不可缺少的组成部分，对于保障迅速有效地收回市场上的缺陷食品、消除食品安全隐患具有非常重要的作用。

2009 年 2 月 28 日第十一届全国人民代表大会常务委员会第七次会议通过的《食品安全法》于 6 月 1 日开始实施。《食品安全法》第 53 条明确指出"国家建立食品召回制度"，从此食品召回被纳入国家法律体系。

2007 年 8 月 27 日，国家质量监督检验检疫总局正式颁布实施《食品召回管理规定》（现已废止），这是中国首次以国家的名义发布食品召回相关办法。《食品召回管理规定》（以下简称《规定》）的出台，直接推动了食品召回制度在国内食品市场的规范运行，进一步完善了中国的食品安全监管体系，有效消除或降低了食品安全危害发生的概率。2015 年 3 月 11 日，国家食品药品监督管理总局令第 12 号公布《食品召回管理办法》（以下简称《办法》），自 2015 年 9 月 1 日起施行。食品召回制度得到补充，食品安全监督管理体系进一步完善。

《办法》沿用《规定》食品召回管理工作"二级监管"的模式，由国家食品药品监督管理总局统一组织、协调全国食品召回的监管工作，监督、指导县级以上地方食品药品监督管理部门开展召回工作；县级以上地方食品药品监督管理部门根据国家食品药品监督管理总局的工作部署和要求，负责组织本行政区域内食品召回的监管工作。

对于食品召回的概念，《规定》中给出了明确的定义——食品生产者按照规定程序，对由其生产原因造成的某一批次或类别的不安全食品，通过换货、退货、补充或修正消费说明等方式，及时消除或减少食品安全危害的活动。

食品召回的主要目的在于尽快停止缺陷食品的流通和销售，通知公众和有关管理机构，以及将有问题的食品迅速地撤出市场。根据召回范围的不同，食品召回可分为以下三种级别（图 4-1）。

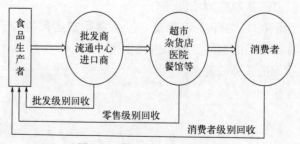

图 4-1 食品召回的三种级别

① 批发级别回收。如对批发商、流通中心和进口商手中的食品进行回收。
② 零售级别回收。如对超市、杂货店、医院、餐馆和其他大的餐饮店、体育馆、零售

渠道如外卖店和保健食品商店等的食品进行回收。

③ 消费者级别回收。对消费者手中的食品进行回收。这种回收存在的安全问题最为严重，这种回收最彻底。

根据召回方式的不同，食品召回可以分为主动召回和责令召回。按照《办法》要求，食品生产者通过自检自查、公众投诉举报、经营者和监督管理部门告知等方式知悉其生产经营的食品属于不安全食品的，应当主动召回。在主动召回中，食品生产者必须提交相应的食品召回计划，从而保证召回工作高效、有序地进行。

责令召回是指国家质监部门责令食品生产者召回不安全食品并发布有关食品安全信息和消费警示信息，或采取其他避免危害发生的措施。经确认有下列三种情况之一的，质监部门有权责令食品生产者召回不安全食品：

① 食品生产者故意隐瞒食品安全危害，或者食品生产者应当主动召回而不采取召回行动的。

② 由于食品生产者的过错造成食品安全危害扩大或再度发生的。

③ 国家监督抽查中发现食品生产者生产的食品存在安全隐患，可能对人体健康和生命安全造成损害的。

不同的食品召回类型对食品生产者提交的召回计划要求不同，主动召回要求在所在地的省级质监部门备案，而责令召回则要求通过所在地的省级质监部门报国家质监部门核准。值得一提的是，在食品召回的法律责任方面，食品生产者在实施食品召回的同时，不能免除其承担其他法律责任，但主动实施召回的，可依法从轻或减轻处罚。

根据食品安全危害的严重程度，《办法》将食品召回级别分为三级：

一级召回：食用后已经或者可能导致严重健康损害甚至死亡的，食品生产者应当在知悉食品安全风险后 24 小时内启动召回，并向县级以上地方食品药品监督管理部门报告召回计划。

二级召回：食用后已经或者可能导致一般健康损害，食品生产者应当在知悉食品安全风险后 48 小时内启动召回，并向县级以上地方食品药品监督管理部门报告召回计划。

三级召回：标签、标识存在虚假标注的食品，食品生产者应当在知悉食品安全风险后 72 小时内启动召回，并向县级以上地方食品药品监督管理部门报告召回计划。标签、标识存在瑕疵，食用后不会造成健康损害的食品，食品生产者应当改正，可以自愿召回。

需要明确的是，根据不同的召回级别，《办法》对食品召回的具体行动规定了不同的时限要求。主动召回中，自确认食品属于应当召回的不安全食品之日起实施。实施一级召回的，食品生产者应当自公告发布之日起 10 个工作日内完成召回工作；实施二级召回的，食品生产者应当自公告发布之日起 20 个工作日内完成召回工作；实施三级召回的，食品生产者应当自公告发布之日起 30 个工作日内完成召回工作。情况复杂的，经县级以上地方食品药品监督管理部门同意，食品生产者可以适当延长召回时间并公布。

作为食品安全的最后一道防线，食品召回本质上是一项着眼于消费终端预防不安全食品可能造成重大社会危害的措施。同时，食品召回是食品安全管理的基本要求，也是食品安全管理领域的国际惯例。召回的要求既是针对国内食品生产基地和加工企业，同样也适用于进入中国市场的国外食品。因此，《食品安全法》和《食品召回管理办法》的实施充分鼓励了食品生产者建立严格的食品召回制度，也支持了食品经营者建设完善的食品溯源制度，最大限度地保护消费者的利益。《食品安全法》使食品生产经营者意识到，召回不安全食品是其义不容辞的责任，是提升中国食品行业食品安全管理水平的必然要求。

4.2　食品召回制度

作为食品安全监督管理的重要手段，食品召回制度可以迅速而有效地收回市场上的缺陷食品，从而消除食品安全危害。因此，食品召回制度在食品安全管理体系中的作用更加引起消费者的关注。虽然《食品安全法》和《食品召回管理办法》已经出台，但如何学习和借鉴国外的食品召回制度以促进中国食品召回制度的发展，进一步完善中国的食品召回体系是一个值得探讨的焦点问题。

4.2.1　食品召回制度的涵义

食品召回是召回制度体系中的一种，是指食品的生产商、进口商或者经销商在获悉其生产、进口或经销的食品存在可能危害消费者健康、安全的缺陷时，依法向政府部门报告，及时通知消费者，并从市场和消费者手中收回问题产品，采取更换、赔偿等积极有效的补救措施，以消除缺陷产品危害风险的制度。

实施食品召回制度不仅可以及时回收缺陷食品，避免已经流入市场的缺陷食品进一步对消费者造成食品安全危害，以维护消费者的利益，而且可以督促生产经营者加强食品质量安全管理，提高食品质量安全水平，化解可能发生的复杂的经济纠纷，降低可能发生的更大数额的赔偿。食品召回是食品质量管理体系的延伸，从生产经营者向消费者延伸，从食品生产经营的正向服务向缺陷食品回收的逆向服务转移。食品召回制度关注消费品、保护消费者，将社会责任和风险交由食品生产商、进口商和经销商承担。

食品召回制度的建立，有利于保护消费者权益，有利于帮助食品企业创造良好的发展环境，使政府责任更加明确。在《食品安全法》的框架下，食品召回制度的实施不仅有助于食品供应链成员加强自身的食品质量安全管理，而且有助于食品供应链成员之间的合作与交流，在"共享利益，共担风险"的目标驱动下，提高整个食品供应链的食品质量安全管理水平。

4.2.2　食品召回制度的发展

20 世纪 80 年代，为了消除或减少食品安全恶性事件的发生，一些国家和地区根据本国国情先后建立了不同类型的食品安全管理体制，力图实现"从农田到餐桌"的全过程管理与控制。在整个食品供应链全过程管理与控制下，各国的食品质量安全水平有了不同程度的提高。同时，为了应对食品质量安全突发事件，在这些国家和地区的食品安全管理体系中设立了缺陷产品召回制度或相应的管理内容，使食品安全管理体系更加完善。

4.2.2.1　美国食品召回制度

（1）美国食品召回制度概况

美国食品召回制度是在政府行政部门的主导下进行的。负责监管食品召回的是农业部食品安全检疫局（FSIS）和食品与药品管理局（FDA），这两个部门既分工明确，又强调合作。其中，FSIS 主要负责监督肉、禽和蛋类产品质量以及缺陷产品的召回；FDA 主要负责 FSIS 管辖以外的产品，即肉、禽和蛋类制品以外的食品质量以及缺陷产品的召回。美国食品召回的法律依据主要是《联邦肉产品检验法》（FMIA）、《禽产品检验法》（PPIA）、《联邦食品、药品与化妆品法》（FFDCA）以及《消费者产品安全法》（CPSA）。FSIS 和 FDA 根据法律的授权监管食品市场，召回缺陷食品。涉及婴儿配方食品、酸奶和活海鲜等进口食品，食品与药品管理局还会进行现场监督检查。只有通过食品与药品管理局检查的产品，才能进入美国。

（2）美国食品召回制度步骤

食品召回在两种情况下发生：一种是企业得知产品存在缺陷，主动从市场上召回食品；另一种是 FSIS 或 FDA 要求企业召回食品。无论哪一种情况，召回都是在 FSIS 或 FDA 的监督下进行。美国的食品召回遵循严格的法律程序，其主要步骤如图 4-2 所示。

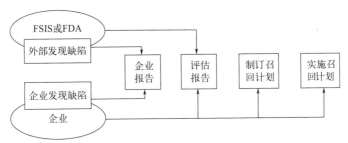

图 4-2　美国食品召回的步骤

4.2.2.2　加拿大食品召回制度

加拿大在 1997 年通过了《加拿大食品检验局法》，启动食品召回程序。

加拿大负责食品召回的监管机构是食品检验局（CFIA），由设在食品检验局的食品安全召回办公室（OFSR）协调全国的食品召回工作。加拿大食品召回分两种，即企业自愿召回和强制召回。根据《加拿大食品检验局法》的规定，如果部长有合理的依据认为某一产品对公众、动物或植物造成危害，就会发布命令，要求召回该产品或者送到部长规定的地点。任何人若不执行食品召回令将被视为有罪，将判处不超过 50000 美元的罚金或者不超过 6 个月的监禁或者二者并罚。

4.2.2.3　澳大利亚食品召回制度

澳大利亚的食品召回由澳大利亚新西兰食品标准局（FSANZ）主导进行。在澳大利亚新西兰食品标准局设有专门的食品召回协调员，各州或领地也设有州或领地的食品召回协调员。

澳大利亚的食品召回分为贸易召回和消费者召回。贸易召回，指产品从分销中心和批发商那里召回，也可以从医院、餐馆和其他主要公共饮食业召回。消费者召回，指涉及生产流通、消费所有环节的召回，包括从批发商、零售商甚至是消费者手中召回任何受到影响的产品，是最广泛类型的召回。不同水平的食品召回，其召回法则也不相同。例如，贸易召回只要求通知相关媒体，而消费者召回除了要通知媒体，还要通知公众。

4.2.2.4　中国食品召回制度

（1）中国食品召回制度发展

2002年上海市第十一届人大常委会第44次会议通过的《上海市消费者权益保护条例》，规定了包括食品在内的商品召回制度，这是中国首次对召回制度实行的具有实际意义的立法。

2002年11月北京开始实施违规食品限期追回制度。随后，吉林、杭州、厦门等地相继推出了菜肉召回制度。2006年11月1日《中华人民共和国农产品质量安全法》正式实施，其中也涉及了相应的食品召回规定。2007年7月26日国务院公布并实施《国务院关于加强食品等产品安全监督管理的特别规定》。2007年8月17日，国务院发布了《中国食品质量安全状况》白皮书，指出要强化食品安全监管，建立健全食品召回制度。在此背景下，国家质量监督检验检疫总局于2007年8月27日正式颁布实施《食品召回管理规定》。2015年3月11日国家食品药品监督管理总局公布《食品召回管理办法》，自2015年9月1日起施行。这不仅为规范中国不安全食品的召回提供了制度保障，还加强了中国政府监督管理食品质量安全的力度，同时也有效地维护了中国消费者的健康权益，提高了中国食品企业的信用。2009年6月1日开始实施的《食品安全法》，使食品召回进入了法制的轨道，有力地推动中国食品召回制度的进一步完善，更好地保障消费者食用食品的安全性。

（2）中国食品召回制度现状

在借鉴了欧美国家及澳大利亚、新西兰等发达国家已有的经验后，中国食品召回制度已经初步提出并建立了一整套较为完整的食品召回制度框架，为进一步健全中国食品召回制度奠定了坚实的理论基础。

中国在不断完善和发展食品召回的技术支持体系，通过构建食品溯源体系、食品召回标准体系以及食品检验检测体系等来确保食品召回高效、有序地进行。食品召回所需的标准体系已初步建立，截至2019年4月，原国家卫生计生委会同原农业部、原国家食品药品监督管理总局制定发布食品安全国家标准1204项，已构建成了通用标准与专项标准相协调、检验方法与限量标准相配套、产品标准与规范类标准相配套的食品安全标准体系。食品检验检测体系较为完善，卫生部门建立并逐步完善国家食品安全监测系统；农业部门在全国范围内建立了国家级、部级质检中心等；质量监督检验检疫部门已基本形成了以国家级技术机构为中心，以省级检验机构为主体，市、县技术机构为基础，既能满足日常食品安全监督检验工作，又能承担前沿和尖端食品安全检验以及科学研究任务的食品检验检测体系。随着科学技术的进步，中国的食品检验检测体系逐步发展完善。一方面高精尖的检测设备不断被应用，并发挥作用；另一方面新的检验检测技术方法不断得到改善，使得检测的元素范围扩大，也在很大程度上提高了检测的限量。中国的检验检测能力已经基本满足食品召回的需要。

4.3　食品召回体系

在食品召回制度基础上，构建食品召回体系是政府依法行政保护公众安全利益的需要，也是健全食品安全管理体系的需要。食品召回体系是一个涉及政府职能部门、食品供应链成员和消费者等多个利益主体，并且涵盖法律法规的制定、市场监督管理、部门协调等多个管理环节的庞大系统。因此，要全面构建中国的食品召回体系，必须明确食品召回的主体及其职责、食品召回的具体程序以促进食品召回体系顺利实施。

4.3.1 食品召回的主体及其职责

食品召回的主体有两种：一种是食品召回的实施主体；另一种是食品召回的监督主体。由于中国食品召回的法律法规还不完善，所以出现了食品召回制度的创设主体复杂、规定不一、相互矛盾等现象。因此，有必要通过相关法律法规对食品召回的主体进行深入分析，以明确其相应的职责。

4.3.1.1 食品召回的实施主体

目前，在中国关于食品召回的实施主体，存在以下两种观点。

第一种观点主张食品生产商、进口商或者销售商均有义务在各自经营的领域和环节实施食品召回。由于食品召回的级别不同，召回的规模和范围也不同。召回可以在批发层、用户层、零售层，也可能在消费者层次。因此，在一些国家的食品召回体系中，生产商、进口商和销售商都是缺陷食品召回的实施主体。在中国食品召回制度中，有些规范就采用了这种观点。

第二种观点基于食品召回的必然，认为食品召回的义务主要属于食品生产商。由于食品的缺陷基本上产生于生产环节，批次性的食品安全问题绝大多数是微生物指标不合格和滥用添加剂所致。因此，存在缺陷的食品最终得由生产商负责召回。虽然销售商也承担缺陷食品的收回、登记等工作，但这些行为属于生产商召回缺陷食品的组成部分。

从理论上讲，在流通环节由于运输和仓储等原因，也会在一定程度上造成食品安全问题，但这一问题是极其个别和偶然的，而且不一定会产生批次性的质量问题。所以，商务部2007年1号令颁布实施的《流通领域食品安全管理办法》对不合格食品实行的是退市制度，要求"立即停止销售，并记录在案"，没有规定食品的召回措施。

《食品安全法》第53条将食品召回的义务主体界定为食品生产者，根据第53条第2款，食品经营者承担着"通知相关生产经营者和消费者，并记录停止经营和通知情况"工作。

作为食品召回的实施主体，食品生产商在确认其生产的食品需要召回的时候，应做好以下工作。

① 保存有关资料，制订召回计划。

② 向当地协调机构和政府主管部门报告有关情况。

③ 向相关生产经营者和消费者进行通报和公示。

④ 启动召回行动，记录召回和通知情况。

⑤ 报告召回的进展和评价。

4.3.1.2 食品召回的监督主体

食品召回的监督主体，一般和食品监管的职能密切相关。根据《国务院关于进一步加强食品安全工作的决定》（国发［2004］23号文件），中国食品质量监管按环节进行划分：农林部门负责种植、养殖环节的质量监管；质监部门负责生产环节的质量监管；工商部门负责流通领域的质量监管；卫生部门负责消费领域的质量监管。在目前的法律法规中，食品召回的监督主体呈现多元化的趋势。

在《食品召回管理办法》中，国家市场监督管理总局在职权范围内统一组织、协调全国食品召回的监督管理工作。省、自治区和直辖市质量技术监督部门在本行政区域内依法组织开展食品召回的监督管理工作。

《食品安全法》第4条第3款规定："国务院质量监督、工商行政管理和国家食品药品监督管理部门依照本法和国务院规定的职责，分别对食品生产、食品流通、餐饮服务活动实施监督管理。"第5条第2款规定："县级以上地方人民政府依照本法和国务院的规定确定本级卫生行政、农业行政、质量监督、工商行政管理、食品药品监督管理部门的食品安全监督管理职责。有关部门在各自职责范围内负责本行政区域的食品安全监督管理工作。"针对食品召回监督，第53条第4款规定："食品生产经营者未依照本条规定召回或者停止经营不符合食品安全标准的食品的，县级以上质量监督、工商行政管理、食品药品监督管理部门可以责令其召回或者停止经营。"

随着《食品安全法》的实施，食品召回监督主体多元化的趋势将会得到改观，食品召回监督主体的职责将更加清晰、明确。食品召回监督主体的主要职责在于审查食品召回计划、监督召回过程（图4-3），具体可以概括如下：

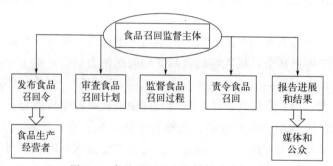

图4-3 食品召回监督主体的主要职责

① 确认召回食品的品种、质量，向食品生产经营者发布召回令。

② 审查食品生产经营者的食品召回计划、食品召回记录和通知情况。

③ 监督食品召回过程，检查食品生产者对召回的食品采取补救、无害化处理、销毁等措施。

④ 责令未按规定召回不符合食品安全标准的食品生产经营者召回食品。

⑤ 报告食品召回工作的进展和结果。

4.3.2 食品召回程序

规范的食品召回程序是食品召回体系的重要组成部分，也是保证食品召回制度有效实施的重要基础。英、美等国家从缺陷汽车召回的模式发展而来的食品召回，强调食品召回方案的报告和许可程序。在缺陷汽车的召回程序中，缺陷汽车的制造商如果发现产品存在缺陷，首先应当报告行政主管部门，对产品缺陷进行危害风险评估，并提交缺陷汽车的召回处理方案，经过行政机关的批准，方可付诸实施。英、美等国家在食品召回的程序上，除了主动召回外，也设置了一套与缺陷汽车召回相同的工作程序和操作模式。根据朱德修（2006）的研究，中国的食品召回程序主要包括制订食品召回计划、启动食品召回、实施食品召回和食品召回总结评价 4 个环节。

4.3.2.1 制订食品召回计划

任何食品生产者在发现其生产的食品属于应当召回的范畴时，都应该迅速制订书面召回计划，按计划实施食品召回。食品召回计划的主要内容包括：

① 停止生产不符合食品安全标准的食品的情况。

② 通知食品经营者停止经营不符合食品安全标准的食品的情况。

③ 通知消费者停止消费不符合食品安全标准的食品的情况。

④ 食品安全危害的种类、产生的原因、可能受影响的人群、严重和紧急程度。

⑤ 召回措施的内容，包括实施组织、联系方式以及召回的具体措施、范围和时限等。

⑥ 召回的预期效果。

⑦ 召回食品后的处置措施。

4.3.2.2 启动食品召回

食品生产者是食品召回的第一责任者，负责启动食品召回行动。在启动食品召回程序中应做好以下工作：

① 企业负责人召开食品召回会议并审查有关资料。

② 确认食品召回的必要性。首先进行食品安全风险评估，如需召回相关产品，则确定召回的具体方法。

③ 向当地食品召回协调组织报告。

4.3.2.3 实施食品召回

根据食品安全风险评估，不符合食品安全标准的食品的级别不同，食品召回的级别不同，召回的范围、规模也不同。要根据发现不符合食品安全标准的食品的环节来确定食品召回层次。若不符合食品安全标准的食品在批发、零售环节发现但尚未对消费者销售的，可在商业环节内部召回。当不符合食品安全标准的食品在消费者购买后发现，则应在消费层召回。不符合食品安全标准的食品发现后，食品生产者一方面应立即停止不符合食品安全标准的食品的生产、销售，并通知经营者从货柜上撤下，单独保管，等待处置；另一方面应通知新闻媒体和在店堂发布经过食品安全监督管理部门审查的、详细的食品召回公告，尽快从消费者手中召回不符合食品安全标准的食品，并采取补救措施或销毁或更换，同时对消费者进行补偿。

4.3.2.4 食品召回总结评价

食品召回工作完成后，食品生产企业要做总结评价，包括：

① 编写食品召回进展报告，说明召回工作进度。

② 审查食品召回的执行程度，如召回计划、召回体系、实施情况、效果分析和人员培训等。

③ 向食品安全监督管理部门提交总结报告。

④ 提出保证食品质量安全，防止再次生产、经营不符合食品安全标准的食品的措施。

4.3.3　食品召回体系顺利实施的保障

食品召回体系是一个涉及多个利益主体，并且涵盖多个管理环节的复杂系统，科学的食品召回体系是实施食品召回制度的重要基础。美国等发达国家在多年的实践中已经建立了完善的食品召回体系，并在维护食品市场经济秩序、保护消费者合法权益中发挥着积极作用。要形成一套科学完整的食品召回体系，不仅需要法律保障和技术支持，而且离不开信息技术的支持。因此，保障食品召回体系顺利实施的要素可以概括为以下几方面（图 4-4）。

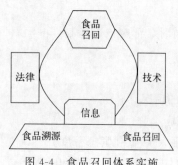

图 4-4　食品召回体系实施的保障因素

4.3.3.1　完善国家食品召回法律法规

完善的法律法规是食品召回体系顺利实施的重要保障。对食品召回而言，以规章的形式予以规范力度是不够的，还需要法律的保障，才能让食品召回落到实处。因此，中国应根据食品召回管理现状建立国家食品召回法律法规，各地制定更加适合本地区的可操作性强的详细的地方法规。另外，根据食品召回的关键环节、关键领域以及某一类高风险食品（如肉类、水产等）的安全需要，制定专门的法律或细则。《食品安全法》的实施，有助于建立健全一个完善的国家食品召回法律法规体系，建立一个合理、有效的食品召回管理机构。

4.3.3.2　加强食品安全标准、食品安全检测和食品安全风险评估技术的研究

食品安全标准、食品安全检测技术和食品安全风险评估技术是实施食品召回的技术保障。食品安全标准是辨识食品风险的基础，食品安全检测技术是确定食品危害程度以及是否需要召回的有力武器，而食品安全风险评估技术是对不安全食品进行分级的主要手段。因此，要建立健全食品召回体系，必须加强食品安全标准、食品安全检测和食品安全风险评估的研究和应用。

4.3.3.3　完善食品溯源系统

良好的食品溯源系统是实施食品召回的关键所在。不符合食品安全标准的食品难以溯源在客观上制约和阻碍了食品召回的有效实施。随着信息技术的发展，条形码、RFID 等溯源关键技术可以对食品原料的生产、加工、储藏及零售等食品供应链环节的管理对象进行标识，并借助计算机信息系统进行管理。一旦出现食品安全问题，就可以通过这些标识和记录，对具体实体的历史、应用或位置进行溯源，准确地缩小食品安全问题的查找范围，查出问题出现的环节，追溯到食品的源头。

4.3.3.4　建立食品召回信息系统作用

食品召回信息系统的建立，不仅可以让消费者及时、便捷地获取食品安全信息，而且能够使公众拥有完全充分的信息来权衡风险进行科学决策。更重要的是食品召回信息系统为政府职能部门、食品供应链成员和消费者提供了一个良好的信息沟通平台，实现召回信息的及时传达、精确发送、畅通传递、透明公开，从而拓宽召回各方的沟通渠道，提升召回决策的

科学性，加强召回实施的管理监控，并能充分发挥政府的外在约束、食品供应链成员的决定因素、消费者的社会监督作用，提高食品召回的有效性和及时性。

4.4　食品召回与逆向物流

逆向物流代表了所有与资源循环、资源替代、资源回用和资源处置有关的物流活动，不可避免地存在于各类产品的供应链体系中。作为一个典型的逆向物流过程，食品召回的实施意味着有大量的不符合食品安全标准的食品在逆向物流中流动。因此，在食品召回体系中合理规划和管理逆向物流，不仅能够优化资源、提高生态效率，而且能够有效地降低食品召回的成本，有效地提升整个食品供应链的核心竞争力。

4.4.1　逆向物流的涵义

随着物流业的深入发展，环保、产品召回法规的制定，以及退货、报废产品回收和再利用的加强，逆向物流这一概念越来越受到人们的重视。国外许多知名企业将逆向物流战略作为强化竞争优势、增加顾客价值、提高供应链整体绩效的重要手段。目前，中国大多数企业在构思自己的物流系统时，主要考虑的是正向物流（forward logistics）系统，然而事实表明，仅有正向物流系统显然是不完善的，企业有必要构建相应的逆向物流系统来提高客户服务水平，应对产品召回等突发事件。

逆向物流（reverse logistics）最早是由 Stock 在 1992 年给美国物流管理协会（Council of Logistics Management，CLM）的一份研究报告中提出来的。Stock 认为，"逆向物流是一种包含了产品退回、物品再利用、废弃物处理、再处理、维修和再造等流程的物流活动。" Carter 和 Ellram（1998）将逆向物流定义为：物料在渠道成员间的反向传递过程，即从产品消费地（包括最终用户和供应链上的客户）到产品来源地的物理性流动。1999 年，美国逆向物流执行委员会（the Reverse Logistics Executive Counc，RLEC）主任 Rogers 博士和 Tibben Lembke 博士出版了第一本逆向物流著作，将逆向物流定义为：为重新获取产品的价值或使其得到正确处置，产品从其消费地到来源地的移动过程。Rogers 和 Tibben Lembke 认为，逆向物流的配送系统是由人、程、计算机软件和硬件以及承运商组成的集合，它们相互作用，共同实现物品从终结地到来源地的流动。美国物流管理协会（CLM）对逆向物流做出了这样的定义：计划、实施和控制原料、半成品库存、制成品和相关信息，整合成本经济从消费点到起点的过程，从而达到回收价值和适当处置的目的。

中国在 2001 年制定的国家标准《物流术语》（GB/T 18354—2001）中，虽然没有给出逆向物流定义，但将其分解为两大类，即回收物流和废弃物物流。回收物流（returned logistics）是指不合格产品的返修、退货以及周转使用的包装容器，从需求方返回到供应方所形成的物品实体流动；废弃物物流（waste material logistics）是指将经济活动中失去原有使用价值的物品，根据实际需要进行收集、分类、加工、包装、搬运、储存，并分送到专门处理场所时所形成的物品实体流动。

4.4.2　食品召回逆向物流

随着市场竞争的日趋激烈，在市场优胜劣汰法则面前，企业对产品的责任区间一直在不断扩展，已经延伸到产品的整个使用过程直至使用完成阶段，食品供应链成员也不例外。因此，由企业的设计、生产、包装、销售、储运等行为造成的产品质量缺陷，导致的严重后果都会由企业负责。当因某些不符合食品安全标准的食品在一定区域内对消费者造成损害，使消费者权益受损时，企业在市场压力或在政府职能部门监督下对不符合食品安全标准的食品集中进行回收处理，逆向物流的问题就此产生，这种情况就是典型的食品召回逆向物流，它包含了回收逆向物流和退货逆向物流两种形式。

根据《食品召回管理办法》，食品召回可以分为主动召回和责令召回。由于召回的方式不同，召回流程不同，所以，相应的食品召回逆向物流的流程也有所差别。

（1）**主动召回逆向物流的流程**

食品生产经营者主动实施食品召回的逆向物流流程可以概括为：

① 发现问题。

② 调查原因。

③ 确定受影响的食品范围。

④ 确定召回方案。

⑤ 申请食品召回。

⑥ 不符合食品安全标准的食品回收并检验。

⑦ 不符合食品安全标准的食品销毁或再处理。

⑧ 提交食品召回阶段性报告。

（2）**责令召回逆向物流的流程**

政府责令相关企业实施食品召回的逆向物流流程可以概括为：

① 发现问题。

② 申请政府监督部门调查。

③ 调查备案。

④ 通知相关企业进行食品召回。

⑤ 确定受影响食品范围，提出食品召回方案。

⑥ 不符合食品安全标准的食品回收并检验。

⑦ 不符合食品安全标准的食品销毁或再处理。

⑧ 提交食品召回阶段性报告。

无论是主动召回还是责令召回，食品召回逆向物流的流动方向是一致的。

 思考练习

1. 食品召回义务主体是什么？

2. 根据召回范围的不同，食品召回可分为哪几种级别？

请扫二维码
查询参考答案

3. 中国首次对召回制度实行的具有实际意义的立法是哪一项？

4. 根据召回方式的不同，食品召回可以分为哪几种方式？

5. 进行二级召回时，食品生产者应当在知悉食品安全风险后几小时内启动召回？

6. 中国首次以国家的名义发布食品召回相关办法的规定是哪一个？

7. 食品召回对消费者和企业有什么影响？请列举并解释其中三个影响。

8. 政府在食品召回中扮演着怎样的角色？应该采取哪些措施来确保食品安全？

参考文献

[1] 刘文，王菁 . 中国食品召回制度的管理模式研究[J]. 食品科技，2007（11）：6-8.

[2] 刘伊婷 .《食品召回管理规定》解读[J]. 中国质量技术监督，2007（11）：10，11.

[3] 赵林度 . 零售企业食品供应链管理 [M]. 北京：中国轻工业出版社，2006.

[4] 谢杨 . 对我国食品召回制度的探讨[J]. 中国卫生法制，2004，12（3）：34，35.

[5] 杨明亮，赵亢 . 发达国家和地区食品召回制度概要及其思考[J]. 中国卫生监督，2006，13（5）：326-332.

[6] 程言清，黄祖辉 . 美国食品召回制度及其对我国食品安全的启示 [J]，科学·经济·社会，2002，20（4）.

[7] 徐进，刘秀梅，樊永祥，等 . 加拿大食品召回管理分析[J]. 中国食品卫生杂志社，2007，19（6）：545-548.

[8] 袁健群，叶桦，丁宪，等 . 部分发达国家和地区食品召回制度的现状及其思考[J]. 中国食品卫生杂志，2007，9（6）：529-533.

[9] 朱德修 . 对建立和实施食品召回制度的探讨[J]. 肉类工业，2006，（3）：45-48.

[10] 陈亮，李盘生，陈庆红，等 . 食品召回制度及其相关问题探讨[J]. 中国食品卫生杂志，2004，16（6）：523-526.

[11] 刘文，王菁 . 我国食品召回制度的现状及特点[J]. 食品科技，2007，（12）：1-4.

[12] 吴丘林 . 我国食品召回制度探析（硕士学位论文）[D]. 上海交通大学，2007.

[13] 魏益民，刘为军 . 澳大利亚、新西兰食品召回体系及其借鉴[J]. 中国食品与营养，2005，（4）：7-9.

[14] 梁燕君 . 实施食品召回制度的政策建议[J]. 价格与市场，2008，（5）：35-37.

[15] 郭斌 . 建立食品召回体系的设想[J]. 中国工商管理研究，2006，（1）：55-56.

[16] 凌芝 . 从三鹿奶粉事件探讨我国的食品召回制度的现状和发展[J]. 商业文化，2008，（10）：126.

[17] 于连姿，孟凡胜 . 论农产品绿色物流的现状与对策[J]. 哈尔滨商业大学学报：社会科学版，2007，（5）：69-71.

[18] 柳键 . 供应链的逆向物流[J]. 商业经济与管理，2002，128（6）：11-13.

[19] 李敏，赵涛 . 第三方逆向物流供应商的选择[J]. 西北农林科技大学学报：社会科学版，2006（4）：73-77.

[20] 杨辉 . 企业构建逆向物流的关键控制环节研究[J]. 铁道货运，2007，（5）：1-4.

第五章
食品溯源系统构建

 本章导读

　　食品溯源系统是指在食品供应链的各个阶段或环节中由鉴别产品身份、资料准备、资料收集与保存以及资料验证等一系列溯源机制组成的整体。食品溯源系统涉及多个食品企业或公司、多门学科，具有多种功能，但基本功能是信息交流，具有随时提供整个食品供应链中食品及其信息的能力。在食品供应链中，只有食品企业或公司都引入和建立起内部的溯源系统，才能形成整个食品供应链的溯源系统，实现食品溯源。本章将重点介绍食品溯源系统构建的设计框架、溯源信息筛选、执行流程，以及食品溯源系统实现内外部溯源的条件。

 学习目标

1. 了解食品溯源信息系统设计、总体框架及操作层构架。
2. 掌握不同食品全程溯源信息系统的溯源信息筛选以及食品溯源编码设计、数据库结构设计。
3. 熟悉食品溯源系统的执行和实施流程。

5.1　概述

食品全程溯源，就是基于食品链的食品溯源。食品链（food chain），又称饲料和食品链（feed and food chain），ISO 22000—2018 对其定义为"从初级生产直至消费的各环节和操作的顺序，涉及食品及其辅料的生产、加工、分销、贮存和处理"，包括用于生产食品的动物的饲料生产，也包括与食品接触材料或原材料的生产。基于食品链的溯源，即沿着食品链从"终产品-销售-加工-原料生产"的回溯及从"原料生产-加工-销售-终产品"的追踪。食品全程溯源系统就是一个信息系统，具有信息记录、信息处理和信息查询的能力。

不管针对的产品是哪一种类型、哪一种生产方式、采用的哪一套管理体系，溯源系统和其他信息系统一样，其基本特性就是标识、信息及其连接。但实际上，食品溯源系统是记录保持的过程，通过所有加工中间环节和供应链到消费者环节显示特定产品及成分从供应者进入商业的途径。食品溯源系统要能够证明产品的来历和（或）确定食品在食品链中的位置，提高组织（公司、企业及其他机构）对信息的合理使用和信息的可靠性，并能够提高组织的效率、生产力和赢利能力，从而有助于查找食品不合格的原因，确定食品链中的责任组织，并且在必要时提高撤回和（或）召回产品的能力。从技术和经济角度考虑，溯源系统能支持食品安全和质量目标，满足顾客要求，便于验证有关食品的特定信息，满足当地、区域、国家或国际法规或政策要求。

食品溯源系统是一套追踪和溯源食品来源及过程的信息系统，不具备食品加工过程中的安全卫生管理、质量控制和环境管理功能，所以在应用中可独立进行，也可与这些管理系统联合使用。

尽管食品溯源系统是一种有效的工具，但还存在一些局限性和不足。

（1）技术局限性

① 溯源系统应用范围广，产品、加工本质及涉及的部门不同，使溯源受制于许多因素，如原材料的性质和状态、批次大小，产品集中、分割和运输方式，加工和制造方法，包装方式，从生产到零售的环节多少、长短、参与方等。

② 在参与方加工方式不同、信息不可靠、企业间信息不畅和批次大小不一致等情况下，溯源的效率是很低的。

（2）经济局限性

需要的信息越准确，费用就越高。企业在建立溯源系统时会考虑和比较溯源的目标与成本，尤其是小企业，最有效的方法就是大量的调研，与其他企业联合，尽量缩小目标和规模，减少成本。

（3）成本来源

① 调研和设计成本。

② 硬件成本，包括检测设备和信息处理设备。

③ 系统维护成本，包括信息标识、记录、处理和贮存，还有教育和培训成本。

④ 第三方对系统有效性能的检测费用。

5.2　食品溯源系统设计

考虑可操作性，食品溯源系统的设计应采用"向前一步，向后一步"原则，即每个组织只需要向前溯源到产品的直接来源，向后追踪到产品的直接去向。根据溯源目标、实施成本和产品特征，适度界定溯源单元、溯源范围和溯源信息。食品供应链是从农田或养殖场或采集地（源端）到餐桌（末端）的过程，食品溯源的目的是一个单元的食品从食品供应链的末端溯源到源头或中间任一环节的过程。按信息系统基本构架，食品全程溯源系统应包括系统设置、信息输入、信息处理、信息查询和数据库等几个基本功能模块。根据一般信息系统建立的原则，结合食品全程溯源系统的特殊性，其建立大体分为如下几个步骤：

① 溯源信息系统设计。

② 确定食品链各环节或节点。

③ 筛选可溯源信息指标。

④ 确定各环节食品或原料的最小可溯源单元。

⑤ 编码设计：设计产品或产品包装、原料或原料包装、场所代码。

⑥ 构建数据库基本结构。

⑦ 信息系统实现。

5.2.1　食品溯源信息系统设计

一般的溯源信息系统应具有标识、数据准备、数据收集、数据储藏和数据校验等功能。食品溯源信息系统是指运用信息技术系统化地采集、加工、存储、交换食品企业内外部的溯源信息，从而实现食品供应链中各环节信息溯源的系统。

5.2.1.1　食品溯源信息系统的开发

考虑到食品可溯源性要求，食品溯源信息系统应尽量满足：支持多样化的信息采集方式；实现内部溯源和外部溯源，支持溯源数据的汇总、挖掘和交换；提供外部接口，实现溯源系统与其他系统的对接；可向政府部门或消费者提供产品溯源信息，支持信息查询；可对问题产品给予预警、公示等。食品溯源信息系统的实施可分为如下几个阶段：

（1）准备阶段

在需求分析的基础上，提出建立食品溯源信息系统的计划，确定建立的目的、范围、要求以及预算等。目标包括：食品溯源信息系统建立的基本想法；食品溯源信息系统将发挥的作用；食品溯源信息系统期望达到的效果；食品溯源信息系统建立的规格或规模；分析需求，形成食品溯源信息系统基本方案。

（2）建立阶段

确定信息系统规格，包括：数据库的规格；输入/输出规格；信息交换的规格。确定食品溯源信息系统涉及的岗位和人员，包括：清晰地界定各岗位职能及责任人；每个岗位涉及的信息关键点、信息收集的方式及要求；收集信息的时段；人员的培训及管理。开发食品溯源信息系统。

（3）系统测试与发布

试运行食品溯源信息系统，检验和评估其系统设计和建设情况。根据试运行的情况，修正和完善食品溯源信息系统。公布食品溯源信息系统及其使用手册。全面启用食品溯源信息系统。

5.2.1.2　食品溯源信息系统的总体框架

根据我国食品产业和食品供应链的特点，构建以消费者、监管部门和企业等用户为引导的食品溯源系统框架，该系统由系统设置模块、数据输入模块、数据处理模块和数据查询模块等四大功能模块和数据库构成，如图 5-1 所示。

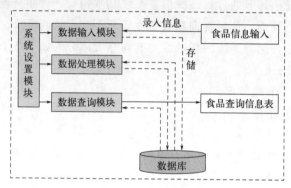

图 5-1　食品溯源信息系统总体构架

系统设置模块：设置用户权限、数据库维护与管理、添加溯源指标与设置溯源模式等。

数据输入模块：食品各环节输入信息的预处理与写入数据库。

数据处理模块：在数据库中读出食品各环节预处理数据，按照预定的算法计算、排序及其他处理后再写入数据库。

数据查询模块：按照用户需要调用数据库，查找相关信息并显示。

数据库：存储数据。

5.2.1.3　食品溯源信息系统的操作层构架

信息系统的核心是数据库系统。从数据库系统的发展历史看，数据库系统已经从集中式数据库向分布式数据库转变。

集中式数据库系统是指数据库的数据存储在一个计算机中，数据的处理集中在一台计算机中完成。

集中式数据库优点：

① 信息资源集中，管理方便，规范统一。

② 专业人员集中使用，有利于发挥他们的作用，便于组织人员培训和提高工作效率。

③ 信息资源利用率高。

④ 系统安全措施实施方便。

集中式数据库系统的缺点：

① 随着系统规模的扩大和功能的提高，集中式系统的应用迅速增长，给数据库的开发、维护带来困难。

②　对组织变革和技术发展的适应性差，应变能力弱。

③　不利于发挥用户在开发、维护、管理方面的积极性和主动性。

④　系统比较脆弱，主机出现故障时可能使整个系统停止工作。

分布式数据库系统是指数据存储在计算机网络的不同场地的计算机中，每一场地都有独自处理能力并完成局部应用；而每一场地也参与全局应用程序的进行，全局应用程序可通过网络通信访问系统中的多个场地的数据。

分布式数据库系统的优点：

①　具有灵活的体系结构。

②　适应分布式的管理和控制机构。

③　经济性能优越。

④　系统的可靠性高、可用性好。

⑤　局部应用的响应速度快。

⑥　可扩展性好，易于集成享有系统。

分布式数据库系统的缺点：

①　系统开销大，主要花在通信部分。

②　复杂的存取结构。

③　数据的安全性和保密性较难处理。

随着传统的数据库技术日趋成熟、计算机网络技术的飞速发展和应用范围的扩大，以分布式为主要特征的数据库系统的研究与开发受到人们的注意。分布式数据库是数据库技术与网络技术相结合的产物，在数据库领域已形成一个分支。分布式数据库的研究始于 20 世纪 70 年代中期。世界上第一个分布式数据库系统 SDD-1 是由美国计算机公司（CCA）于 1979 年在 DEC 计算机上实现的。20 世纪 90 年代以来，分布式数据库系统进入商品化应用阶段，传统的关系数据库产品均发展成以计算机网络及多任务操作系统为核心的分布式数据库产品，同时分布式数据库逐步向客户机/服务器模式发展。

依照食品溯源系统的不同发展阶段及规模可设计不同的数据库系统。针对较为简单的食品链，涉及的环节仅有 2～3 个，如仅有种植、分销和销售环节的生鲜蔬菜链，可采用集中式数据库系统。在我国食品溯源发展的初级阶段，以企业为主体建立食品溯源系统，由于食品种类较为单一，数据量不大，也可采用集中式数据库系统。其操作层构架如图 5-2 所示。

在这个系统结构中，每一环节不设服务器，只有一台用户端计算机，仅用于数据远程输入和远程查询。但一般来讲，由于食品链存在多个环节，每一个环节的场所、过程和责任者相距甚远，为了保证信息链的有效性和可操作性，一般多采用分布式数据库系统。分布式数据库系统尤其适合食品种类繁多、分布广的食品溯源系统。

①　全系统由食品全程溯源信息中心和若干个信息分中心组成，每一个环节设立一个信息分中心，构建独立数据库。

②　食品全程溯源信息中心进行系统设置和系统维护；构建中央数据库。

由于数据库链接方式和数据查询途径不同，可分为如下两种操作层结构：

a. 按环节数据库顺序链接，中央数据库与最后一个环节数据库相连；每一个环节查询信息，顺向追踪和逆向回溯均通过相连的数据库顺序进行，如图 5-3 所示。

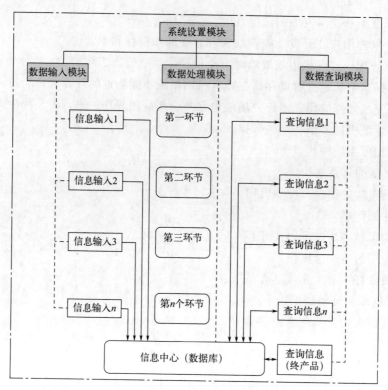

图 5-2　基于集中式的食品全程溯源信息系统操作层构架

―――― 设置；- - - - 调用；―――▶ 数据流

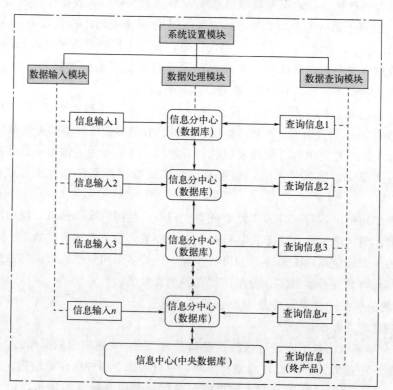

图 5-3　基于数据库顺序链接的食品全程溯源信息系统操作层构架

―――― 设置；- - - - 调用；―――▶ 数据流

　　b. 环节数据库不相连，但每一个分数据库均与中央数据库相连。每一个环节查询信息，均通过中央数据库寻找相应的环节数据库进行，如图 5-4 所示。

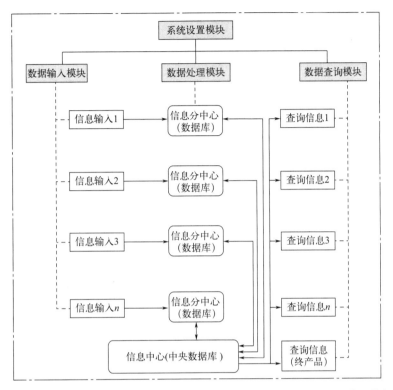

图 5-4　基于分数据库与中央数据库相连的食品全程溯源信息系统操作层构架

—— 设置；----- 调用；⟶ 数据流

5.2.1.4　信息流设计

　　信息流即数据流向，包含在数据输入、数据处理和数据查询中。不同的权限用户、目的和系统可进行不同的信息流设计。食品全程溯源系统中，主要设置 6 种不同权限的用户，分别为管理中心管理员、分中心管理员、企业输入员、企业查询员、政府监管人员和消费者。

　　管理中心管理员：系统设置与管理中心维护、中央数据库数据更新，其信息流为通过数据处理模块调用分数据库进行中央数据库更新。

　　分中心管理员：分中心管理与维护、分数据库更新，其信息流为通过数据处理模块调用输入信息对分数据库进行更新。

　　企业输入员：各个环节的数据输入，信息流为通过数据输入模块进行信息输入，写入分数据库。

　　企业查询员：顺向跟踪查询和逆向查询。顺向跟踪查询通过数据查询模块，调用中央数据库和相关分数据库对某一批次原料或食品进行顺向跟踪。逆向查询通过数据查询模块，调用中央数据库和相关分数据库对某一批次原料或食品进行逆向回溯。

　　政府监管人员：可查询与终产品相关的食品、原料的去向。其信息流为通过数据查询模块，调用中央数据库和相关分数据库，查询某一单元终产品相关的所有食品或原料，再查询这些食品或原料的去向。

消费者：仅能逆向查询，即查询某一单元终产品的历史信息。

5.2.1.5　食品溯源系统功能模块

食品溯源信息系统按照食品生产、流通和销售等环节可分为：生产环节溯源信息系统、物流环节溯源信息系统和销售环节溯源信息系统。

生产环节溯源信息系统模块包括：种植/养殖场地管理模块、投入品管理模块、原料管理模块、定义生产流程模块、生产计划管理模块、生产执行模块、产品包装模块、产品储存模块、产品管理模块和员工管理模块。各模块功能说明及相关溯源信息见表5-1。

表 5-1　生产环节溯源信息系统模块说明及相关溯源信息

模块名称	模块功能说明及相关溯源信息
种植/养殖场地管理	记录种植/养殖的场地相关信息，包括场地位置码、环境信息、土壤信息和水质信息等
投入品管理	记录种植/养殖过程中使用或添加的物质信息，包括种子、种苗、肥料、农药、兽药、饲料及饲料添加剂等农用生产资料产品和农膜、农机、农业工程设施设备等农用工程物资产品
原料管理	记录原料采购的相关信息，包括供货商信息管理、产品用料分类（如主料、辅料、包装材料等）、原料信息管理（记录原料的编码、包装形式、包装单位等）、原料入库（记录原料的入库信息，包括入库时间、批次号、原料的编码、库存信息等）
定义生产流程	为不同的产品定义个性化的溯源流程模板，包括产品生产过程中的主要阶段（如种植、收割、包装、检验等）、生产工序（每个阶段中的工序，如种植中的浇水、施肥、除虫等）、生产操作管理（每个工序的操作，如施肥工序所需的操作时间、肥料名称、肥料说明等）
生产计划管理	产品生产前制订生产计划，包括生产的产品名称、商品条码、数量、班次、产品批号、用料和溯源码等
生产执行	根据生产计划核对产品的实际用料，削减原料库存
产品包装	记录包装材料、包装形式、包装负责人、日期、重量等
产品储存	成品入库信息，包括入库时间、商品条码、溯源码、库房信息等
产品管理	记录产品的相关信息，包括商品条码、规格型号、名称和对应的生产流程等
员工管理	记录生产阶段责任人员，包括员工信息管理、员工岗位管理、员工班次管理和员工变更管理等

物流环节溯源信息系统模块包括：车辆管理模块、物流管理模块、存储管理模块、分拣包装模块和员工管理模块。各模块功能说明及相关溯源信息见表5-2。

表 5-2　物流环节溯源信息系统模块的详细设计

模块名称	模块功能说明及相关溯源信息
车辆管理	记录车辆信息，包括车型、车牌号、驾驶员信息等
物流管理	记录产品物流过程信息，包括车辆信息、运输环境信息、包装箱或托盘编码、始发地和目的地信息等
存储管理	记录产品物流过程中的存储信息，包括包装箱或托盘编码、来源、入/出库时间和数量、库房环境信息等
分拣包装	记录托盘卸载过程的信息，包括托盘编码与卸载后溯源码的对应关系等
员工管理	记录物流阶段责任人员，包括员工信息管理、员工岗位管理、员工班次管理和员工变更管理等

销售环节溯源信息系统模块包括：入库管理模块、储存管理模块、货品上架模块、产品销售模块和员工管理模块。各模块功能说明及相关溯源信息见表5-3。

表 5-3 销售环节溯源信息系统模块的详细设计

模块名称	模块功能说明及相关溯源信息
入库管理	记录产品在销售企业的入库信息，包括溯源码、商品条码、入库时间、库房信息等
储存管理	记录产品在销售企业的储存信息，包括库房信息、库存量、产品名称、溯源码等
货品上架	记录产品上架的信息，包括溯源码、货架号、上架时间、产品名称等
产品销售	记录产品销售信息，包括日期、溯源码、名称等
员工管理	记录销售阶段责任人员，包括员工信息管理、员工岗位管理、员工班次管理和员工变更管理等

5.2.1.6 食品溯源系统框架举例

（1）基于生产、包装和销售的农副产品质量安全溯源系统构架

如图 5-5 所示，该系统是应国家有关部门对食品农副产品实施质量安全管理，界定生产与经销主体责任，保障消费者知情权而建立的管理系统，主要功能是实现食品农副产品生产、包装、储运、防伪和销售全过程的信息跟踪。

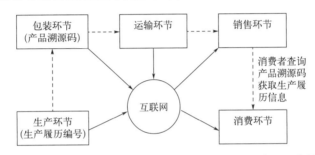

图 5-5 基于生产、包装和销售的农副产品质量安全溯源系统构架
----▶ 产品流；——▶ 信息流

生产者：食品农副产品种植者必须在市主管部门注册，在生产履历中心登记，并对整个生产过程进行记录并上报至生产履历中心。

包装场：包装场负责对产品进行清洗、包装，并且在包装上粘贴产品溯源条码上市，信息上报至生产履历中心。

消费者：消费者通过产品包装上的溯源标签，通过网站、超市触摸屏系统、手机短信、电话等方式查询生产履历信息。

（2）包括正向跟踪和反向跟踪的种植业质量安全溯源系统构架

该系统框架以正向和反向跟踪为要点，以种植基地（从生产投入到销售环节）、监督部门、检测机构为基本组成的种植业系统，如图 5-6 所示。系统的正向跟踪由种植基地（从生产投入到销售环节）、监督部门、检测机构构成。其质量安全控制可由电子档案管理技术、编码技术标志进行。监督部门、消费者可以通过质量安全查询终端系统对产品进行反向溯源。管理者、消费者能通过溯源终端系统实时准确地查询到农产品的品牌、种植地、等级、田间管理、生产周期、检测、营养成分等信息。通过该系统的建立，基本可以保证种植业产品从田间到餐桌的质量安全控制。

（3）与生产管理、流通管理和监督管理相结合的农产品溯源系统构架

刘雪梅等构架了包括农产品安全生产管理、农产品流通管理、农产品监督管理和农产品质量溯源功能的农产品质量溯源系统，如图 5-7 所示。

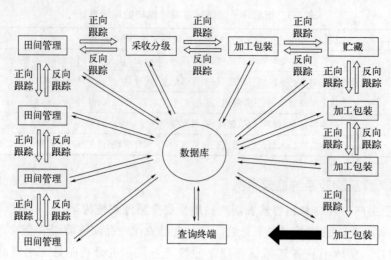

图 5-6 包括正向跟踪和反向跟踪的种植业质量安全溯源系统构架

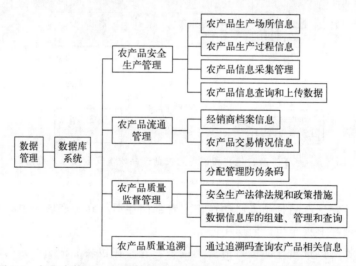

图 5-7 与生产管理、流通管理和监督管理相结合的农产品溯源系统构架

（4）基于 RFID、 GPRS 和 GIS 的农产品质量安全溯源系统构架

王祖乐等引入 RFID、GPRS 和 GIS 技术设计了农产品溯源系统构架。从表现层分为两部分，即对内办公和对外展示。前者为生产加工企业提供一个操作平台，通过平台，可以将地块信息、农户信息、生产过程信息、加工过程信息等记录形成产品档案，存入企业端数据库中，并定期上传至溯源中心数据库。从应用层角度看，共分为五大应用模块，即生产管理、加工管理、仓储管理、订单管理、物流跟踪模块，由支撑层提供服务。通过 RFID 标签号，将 5 个应用中的数据串联起来，为后期农产品溯源提供坚实的数据基础。整个系统还通过 Web Service 等服务提供对外的数据接口，方便用户通过各种方式进行产品溯源查询。系统构架如图 5-8 所示。

（5）基于 B/S 结构的农产品质量安全溯源系统构架

孟猛根据农产品生产实际调研结果，分析了农产品生产流程，结合生产基地的情况，同时考虑生产基地、监管部门和消费者的实际操作，系统采取 B/S 体系结构进行总体设

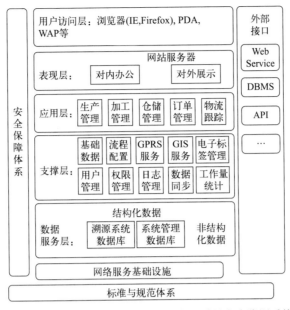

图 5-8　基于 RFID、GPRS 和 GIS 的农产品质量安全溯源系统构架

计。系统结构主要包括生产基地申请子系统、政府审核监督子系统、基地信息采集发布子系统、农产品溯源编码子系统、消费者溯源查询子系统、信息发布管理子系统，如图 5-9 所示。

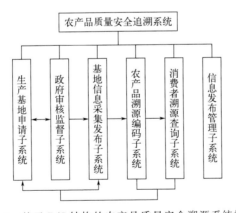

图 5-9　基于 B/S 结构的农产品质量安全溯源系统构架

（6）基于混合模式的农产品质量安全可溯源系统构架

为了提升农产品质量安全管理水平，刘树等提出一种基于混合模式的农产品质量安全可溯源系统的集成方法。该方法采用 C/S 和 B/S 混合模式来构架系统，采用射频识别（RFID）和条码技术对产品进行标志、信息采集和传输，使用组件技术开发系统关键模块，采用 C/S 与 B/S 相结合的混合构架，具体实现为业务流程采用 C/S 结构，信息发布采用 B/S 结构。整个系统以 C/S 模式为基本框架，以 B/S 结构为补充，这种混合模式集两种构架的优点于一体，在运行速度、信息承载、信息采集传输自动化程度、数据安全等方面性能优越，如图 5-10 所示。

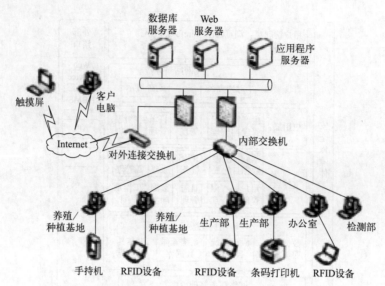

图 5-10　基于混合模式的农产品质量安全可溯源系统构架

5.2.2　食品链各环节的确定及可记录单元设计

食品外部溯源或查询是食品链各环节间的溯源和查询，其链接方式取决于数据处理和信息查询的方向和过程。无论是集中式数据库系统，还是分布式数据库系统，数据处理和信息查询都是通过数据库之间的查询和读写来完成的。数据库之间的链接，实际上是数据库中数据表的数据单元链接。在食品全程溯源系统中，数据单元的标识字段最好是编码，即各环节任一食品单元的编码。食品单元的编码取决于各个环节最小可记录食品单元和最大可记录食品单元的组成、容量及其相互关系。

Kim、Fox 和 Gruninger 在质量本体论中提出了可溯源资源单元和原始活动两个概念。原始活动是不可再分的基本操作如贮藏等。可溯源资源单元定义为经过使用、消费、生产、运输等原始活动的某一资源类型的均一集合体，是溯源中不可能重复的唯一单元。确切来说，就是一个批次。在不连续过程中，批次的标识较为容易。当一个可溯源资源单元分为多个单元时，分离的单元保持了原来可溯源资源单元的标识；当几个可溯源资源单元集合时，新的可溯源资源单元与原可溯源资源单元标识不同。在食品生产和运输环节中，可溯源资源单元经历集合和分离的过程。

一般而言，食品全程可分为如下环节：

第一环节：种植（野生）、养殖（野生）

植物源性食品原料（作物）的种植单元一般为地区、园区、农场、基地、温室、种植户，难以区分最小可记录单元和最大可记录单元。

野生植物的最小单元为地区。

大型养殖动物（如牛、羊、猪等）的养殖单元为农场、基地、圈、养殖户和头等，最大可记录单元可为农场、基地、圈、养殖户，最小可记录单元为头。最大可记录单元包含最小可记录单元。

小型动物养殖单元为农场、基地、圈、养殖户和群等，难以区分最小可记录单元和最大可记录单元。

野生动物的最小单元为林区。

第二环节：采收或屠宰

作物采收（谷类作物指收割后脱粒，蔬果或以茎叶作为食品原料的作物直接采收），可记录单元为车、箱（包）等，最大可记录单元为车，最小可记录单元为箱或包。最大可记录单元包含最小可记录单元。前者可包含种植单元，或包含于种植单元；后者包含于种植单元中。

大型养殖动物（如牛、羊、猪等）进行屠宰、半分，最大可记录单元为尸身，最小可记录单元为半身。最大可记录单元包含最小可记录单元。两者均包含于养殖的最大可记录单元之中。

小型动物屠宰后，最小单元为箱或包，包含于养殖的可记录单元之中。

第三环节：运输

最大可记录单元为车，最小可记录单元为箱或头。最大可记录单元包含最小可记录单元。最大可记录单元包含上一环节的最小可记录单元。最小可记录单元等同上一环节的最小可记录单元。

第四环节：采收后贮存（或不贮存，直接进入下一环节）

最大可记录单元为仓库，最小可记录单元为箱或头等，介于两者之间的是区或批，顺序包含。最大、中等可记录单元包含上一环节的最大可记录单元。

第五环节：运输

最大可记录单元为车，最小可记录单元为箱或头。最大可记录单元包含最小可记录单元。最大可记录单元包含于上一环节的最大可记录单元，包含上一环节的最小可记录单元。最小可记录单元等同上一环节的最小可记录单元。

第六环节：粗加工

植物源性食品或原料经过简单的去杂、分选和包装，最大可记录单元为批次，最小可记录单元为箱或包。最大可记录单元包含最小可记录单元。前者包含上一环节的最大可记录单元。

小型动物食品原料等同于植物源性食品原料。

大型动物源性食品或原料分割、包装作为鲜肉出售，最大可记录单元为尸身或半身，最小可记录单元为箱或包。最大可记录单元包含最小可记录单元。最大可记录单元包含于上一环节的最大可记录单元。若作为部位分割、集中，类似于植物源性食品或原料。

第七环节：运输

最大可记录单元为车，最小可记录单元为箱或头。最大可记录单元包含最小可记录单元。最大可记录单元包含上一环节的最小可记录单元。最小可记录单元等同上一环节的最小可记录单元。

第八环节：贮存

最大可记录单元为仓库，最小可记录单元为箱或头等，介于两者之间的是区或批，顺序包含。最大、中等可记录单元包含上一环节的最大可记录单元。

第九环节：运输

最大可记录单元为车，最小可记录单元为箱或头。最大可记录单元包含最小可记录单元。最大可记录单元包含于上一环节的最大可记录单元，包含上一环节的最小可记录单元。最小可记录单元等同上一环节的最小可记录单元。

第十环节：加工

最大可记录单元为批次，最小可记录单元为箱或包。最大可记录单元包含最小可记录单元。前者包含上一环节的最大可记录单元。

第十一环节：运输

最大可记录单元为车，最小可记录单元为箱。最大可记录单元包含最小可记录单元。最大可记录单元包含上一环节的最小可记录单元。最小可记录单元等同上一环节的最小可记录单元。

第十二环节：贮存

最大可记录单元为仓库，最小可记录单元为箱等，介于两者之间的是区或批，顺序包含。最大、中等可记录单元包含上一环节的最大可记录单元。

第十三环节：运输

最大可记录单元为车，最小可记录单元为箱或头。最大可记录单元包含最小可记录单元。最大可记录单元包含于上一环节的最大可记录单元，包含上一环节的最小可记录单元。最小可记录单元等同上一环节的最小可记录单元。

第十四环节：配送中心库存

最大可记录单元为仓库，最小可记录单元为箱等，介于两者之间的是区或批，顺序包含。最大、中等可记录单元包含上一环节的最大可记录单元。

第十五环节：运输

最大可记录单元为车，最小可记录单元为箱。最大可记录单元包含最小可记录单元。最大可记录单元包含上一环节的最小可记录单元。最小可记录单元等同上一环节的最小可记录单元。

第十六环节：贮存

最大可记录单元为仓库，最小可记录单元为箱等，介于两者之间的是区或批，顺序包含。最大、中等可记录单元包含上一环节的最大可记录单元。

第十七环节：运输

最大可记录单元为车，最小可记录单元为箱或头。最大可记录单元包含最小可记录单元。最大可记录单元包含于上一环节的最大可记录单元，包含上一环节的最小可记录单元。最小可记录单元等同上一环节的最小可记录单元。

第十八环节：市场销售

最大可记录单元为柜，最小可记录单元为箱。最大可记录单元包含最小可记录单元。最大可记录单元包含于上一环节的最大可记录单元，包含上一环节的最小可记录单元。最小可记录单元等同上一环节的最小可记录单元。

5.2.3　食品全程溯源信息系统的溯源信息筛选

食品全程涉及生产、加工、运输、储藏和销售等环节，一个溯源系统对产品的溯源能力取决于产品在任何一点被判别的能力。产品及其加工过程是食品溯源的两大关键要素。对查询信息而言，理想的状态是查询的信息越多越好、越细越好，甚至是所有相关的信息。但由于数据库的容量和存储速率限制，加上网络传输的局限性，理想的查询是非常困难的，同时不是所有的信息都是必要的，这与溯源的目的有关。

从上得知，溯源系统的核心是标识，也就是对目标批次的标识。生产者或进口商设计全球唯一的批次大小，但随着其它食品成分的引入、食品批量运输、大的批次被运往不同的地方等过程的进行，新的标识会不断产生，所以溯源系统不但需要产品、原料批次的标识，同时还需要这些批次与产品历史的关系信息。从满足需求看，一部分为外部溯源信息，是一般意义上的溯源信息，以满足需求为标准；另一部分是内部溯源信息，当然越细越好。

对于外部溯源信息，仅需要基本属性信息和安全信息，大体建议如下：

基本属性信息，是指食品来源地、责任人、场所地址、联系方式、规格、级别等，包括产品简单说明、产品原料、成分、特色或特定功能、执行标准、许可证及编码、储藏温度、湿度、货架期、生产日期、包装材料及规格、动物或植物品种、基本生产流程、各环节责任者名称和地址、种植方式或加工方法、环境概述。

安全信息，与食品卫生安全相关的关键信息，如添加剂、农兽药使用、场所卫生条件等，同时加上不同阶段的检测指标。包括原料（饲料）、产品检验结果（定性是否合格）、各主要污染物含量（是否超标）、使用过的添加剂或化学药剂或肥料及使用时间、环境检测结果（定性，符合什么标准）等。

5.2.3.1 花生（油）、豆油等油类食品，包括花生油、大豆油、菜籽油、山茶油等

（1）种植环节

基本信息：

花生品种

生育期始止时间（YY/MM/DD）

种植地点（省市、县、镇、村）

种植责任人（农场名称或农户姓名）

土壤类型（如沙壤土等）

气候类型（如亚温带气候等）

安全信息：

土壤重金属含量（铅、镉、汞、铬、砷等）

使用农药名称、商标、生产厂家

施用磷肥名称、数量（如普通过磷酸钙等，斤/亩）、商标、生产厂家

使用有机肥种类、数量（如农家粪肥等，斤/亩）、商标、生产厂家

种植时是否遭受干旱（是/否）

（2）收获

基本信息：

收获时间（YY/MM/DD）

收获责任人（公司名称或农户姓名）

收获方式（人工或机械）

干燥措施（太阳晒或烘干）

安全信息：

收获时温度（℃）

收获时湿度（相对湿度%）

贮藏时含水量（%，质量分数）

贮藏环境温度（℃）

贮藏环境湿度（相对湿度%）

贮藏时间（从贮藏到下一环节时间，天）

（3）初加工（针对花生油）——剥壳

基本信息：

花生水分含量（%，质量分数）

剥壳责任人（公司名称或责任人姓名）

剥壳时间（YY/MM/DD）

剥壳方式（机械还是人工）

安全信息：

剥壳之前是否经过湿处理（是或否）

花生仁是否采取干燥措施（是或否）

花生仁的贮存温度（℃）

花生仁的贮存湿度（相对湿度%）

剥壳和贮藏时添加化学物质名称、商标、生产厂家

（4）榨油

基本信息：

原料入库前水分含量（%，质量分数）

原料入库前重金属含量（铅、镉、汞、铬、砷等）

原料入库前农药残留含量

原料入库时间（YY/MM/DD）

原料贮存温度（℃）

原料贮存湿度（相对湿度%）

榨油企业名称、地址和责任人（名称、地址、责任人姓名）

榨油企业代码

榨油方法（浸出法还是压榨）

油精炼企业名称、地址和责任人（名称、地址、责任人姓名）

成品包装材料名称

成品基本指标（18项）

包装时间（YY/MM/DD）

出厂时间（YY/MM/DD）

成品贮存温度（℃）

成品贮存湿度（相对湿度%）

安全信息：

浸出法溶剂名称（压榨法空白）

精炼过程添加物质名称

（5）运输

成品运输时间（YY/MM/DD）

成品运输温度（℃）

运输湿度（相对湿度％）

运输企业名称、地址和责任人（名称、地址、责任人姓名）

运输容器或工具名称、商标、生产厂家

（6）销售

成品贮藏温度（℃）

成品贮藏湿度（相对湿度％）

销售企业名称、地址和责任人（名称、地址、责任人姓名）

货架期

5.2.3.2　猪肉及制品

（1）养殖环节

分仔猪、生长猪和育肥猪三个阶段设计

每个阶段包括：

基本信息：

畜禽品种

畜禽数量

种畜来源（种畜企业名称）

养殖企业名称、地址和责任人

养殖企业代码

养殖环境指标（国家无公害规程规定内容）

水源质量指标（国家无公害规程规定内容）

进场时间（YY/MM/DD）

检疫结果（良好等）

其他免疫（农业部规定的免疫之外的免疫）

畜禽发病、诊疗、死亡和无害化处理情况介绍

其他

安全信息：

是否进行3次强制免疫（是或否）

主饲料主要成分（秸秆、玉米粉等）

精饲料成分（鱼粉等）

预混饲料生产厂家及商标

饲料添加剂名称、商标、生产厂家

兽药名称、商标、生产厂家

兽药使用目的（如旋毛虫防治等）

兽药使用时间（YY/MM/DD）

兽药使用量（每头使用量）

（2）屠宰环节

基本信息：

屠宰企业名称、地址和责任人（名称、地址、责任人姓名）

屠宰企业代码

屠宰日期

屠宰方式（电击或二氧化碳等）

官方兽医姓名

安全信息：

宰前宰后检疫情况描述

运输工具消毒证明

无疫区证明

屠宰用水质量指标（国家无公害规程规定内容）

屠宰场温度（℃）

屠宰场湿度（相对湿度%）

（3）分割厂环节

基本信息：

分割企业名称、地址和责任人（名称、地址、责任人姓名）

分割企业代码

分割时间（YY/MM/DD）

分割方式

分割批号

安全信息：

微生物指标（国家标准）

分割厂温度（℃）

分割厂湿度（相对湿度%）

（4）加工环节

基本信息：

加工企业名称、地址和责任人

加工企业代码

是否加工成终产品（设2～3个加工环节，各环节信息相同）

加工方式（如小作坊或生产线名称，生产线提供公司名称）

原料入库前检疫情况

原料入库前微生物指标（国家标准）

原料入库前重金属含量

原料入库前兽药残留含量

原料入库前农药残留含量

原料入库时间（YY/MM/DD）

原料贮存温度（℃）

原料贮存湿度（相对湿度%）

加工时间（YY/MM/DD）

产品包装材料名称、商标、生产厂家

产品基本指标（国家标准）

包装时间（YY/MM/DD）

出厂时间（YY/MM/DD）

产品贮存温度（℃）

产品贮存湿度（相对湿度％）

加工批号

安全信息：

加工添加剂名称、商标、生产厂家

加工助料名称、商标、生产厂家

其他投入品名称、商标、生产厂家

（5）运输环节

成品运输时间（YY/MM/DD）

成品运输温度（℃）

运输湿度（相对湿度％）

运输企业名称、地址和责任人（名称、地址、责任人姓名）

运输公司代码

运输容器或工具名称、商标、生产厂家

（6）销售环节

销售企业名称、地址和责任人（名称、地址、责任人姓名）

销售单位代码

成品贮藏温度（℃）

成品贮藏湿度（相对湿度％）

货架期

（7）认证信息

消毒证编号

出栏证编号

检疫证编号

兽医证编号

5.2.3.3　茶叶

种植、采收、加工、运输、销售五个主要环节。

（1）种植过程

茶叶种植责任人（企业或农户名称）

企业或农户代码

茶树品种

茶树龄

环境空气描述（指标根据国家无公害茶叶规范）

环境水质描述（降雨质量及地表水质量，指标根据国家无公害茶叶规范）

环境土壤质量（重金属含量、酸碱度、农药残留量等，指标根据国家无公害茶叶规范）

施用氮肥名称、数量（如尿素等，斤/亩）、商标、生产厂家

施用氮肥时间

施用磷肥名称、数量（如普通过磷酸钙等，斤/亩）、商标、生产厂家

施用磷肥时间

施用钾肥名称、数量（如氯化钾等，斤/亩）、商标、生产厂家

施用钾肥时间

施用农家肥名称、数量（如粪肥等，斤/亩）、商标、生产厂家

施用农家肥时间

使用农药名称、商标、生产厂家

使用农药时间和用量（斤/亩）

茶树病害、虫害（发病时间和程度）

茶树修剪时间

茶园地理位置（距公路距离、附近有无排放污染物的工厂及距离和风向等）

（2）茶叶采收

采摘时间

采摘方式（手工或机械）

采摘容器

鲜茶叶贮藏时间

鲜茶叶贮藏温度

鲜茶叶贮藏湿度

（3）茶叶加工

大气环境质量指标（国家无公害茶叶规范）

加工责任人（企业或农户名称）

企业代码或农户姓名

厂地址描述（距垃圾场、畜牧场、医院、粪池、农田、交通主干道、三废排放企业距离）

茶叶加工水质指标（国家规范）

加工机械名称、商标、生产厂家

包装材料名称、商标、生产厂家

包装方式（无菌或其他方式）

包装时间（YY/MM/DD）

出厂时间（YY/MM/DD）

成品基本指标（根据国家标准）

成品贮藏温度

成品贮藏湿度

（4）运输环节

成品运输时间（YY/MM/DD）

成品运输温度（℃）

运输湿度（相对湿度％）

运输企业名称、地址和责任人（名称、地址、责任人姓名）

运输公司代码

运输容器或工具名称、商标、生产厂家

（5）销售环节

销售企业名称、地址和责任人

销售单位代码

成品贮藏温度（℃）

成品贮藏湿度（相对湿度％）

货架期

5.2.3.4　酒类食品

整个溯源系统分为主原料种植（水稻、大麦等）、收获、初加工、酿造加工、运输、销售六个主要环节。

（1）主原料种植

基本信息：

主原料品种

生育期始止时间（YY/MM/DD）

种植地点（省市、县、镇、村）

种植责任人（农场名称或农户姓名）

土壤类型（如沙壤土等）

气候类型（如亚温带气候等）

安全信息：

土壤重金属含量（铅、镉、汞、铬、砷等）

使用农药名称、数量、商标、生产厂家

施用磷肥名称、数量、商标、生产厂家

施用氮肥名称、数量、商标、生产厂家

施用钾肥名称、数量、商标、生产厂家

使用有机肥名称、数量、商标、生产厂家

（2）收获

基本信息：

收获时间（YY/MM/DD）

收获责任人（公司名称或农户姓名）

收获方式（人工或机械）

安全信息：

收获温度（℃）

收获湿度（相对湿度％）

贮藏时含水量（％，质量分数）

贮藏环境温度（℃）

贮藏环境湿度（相对湿度％）

贮藏时间（从贮藏到下一环节时间，天）

（3）初加工（浸泡或发芽等）

基本信息：

主原料水分含量（％，质量分数）

初加工地址及责任人（省市、县、镇、村，公司名称或责任人姓名）

初加工时间（YY/MM/DD）

初加工方式

安全信息：

水源质量（根据国家标准定指标）

添加化学物质名称、数量、商标、生产厂家

（4）酿造加工

基本信息：

原料入库前水分含量（％，质量分数）

原料入库前重金属含量（铅、镉、汞、铬、砷等）

原料入库前农药残留含量

原料入库时间（YY/MM/DD）

原料贮存温度（℃）

原料贮存湿度（相对湿度％）

酿造加工企业名称、地址和责任人

酿造企业代码

酿造方法（发酵等）

成品包装材料名称、数量、商标、生产厂家

成品基本指标（国家标准）

包装时间（YY/MM/DD）

出厂时间（YY/MM/DD）

成品贮存温度（℃）

成品贮存湿度（相对湿度％）

安全信息：

酵母来源、商标、生产厂家

添加剂名称、数量、商标、生产厂家

（5）运输环节

成品运输时间（YY/MM/DD）

成品运输温度（℃）

运输湿度（相对湿度％）

运输企业名称、地址和责任人（名称、地址、责任人姓名）

运输公司代码

运输容器或工具名称、商标、生产厂家

（6）销售环节

销售企业名称、地址和责任人

销售单位代码

成品贮藏温度（℃）

成品贮藏湿度（相对湿度％）

货架期

5.2.3.5　蔬菜

种植、收获、分选、腌制、运输、销售六个主要环节。

（1）种植

基本信息：

蔬菜品种

生育期始止时间（YY/MM/DD）

种植地点（省市、县、镇、村）

种植责任人（农场名称或农户姓名）

土壤类型（如沙壤土等）

气候类型（如亚温带气候等）

安全信息：

土壤重金属含量（铅、镉、汞、铬、砷等）

使用农药名称、商标、生产厂家、数量

施用磷肥名称、商标、生产厂家、数量

施用氮肥名称、商标、生产厂家、数量

施用钾肥名称、商标、生产厂家、数量

使用有机肥名称、商标、生产厂家、数量

（2）收获

基本信息：

收获时间（YY/MM/DD）

收获责任人（公司名称或农户姓名）

收获方式（人工或机械）

安全信息：

清洗用水源质量（国家标准）

收获或清洗添加剂名称、商标、生产厂家、数量

贮藏时间（从收获到分选时间，天）

（3）初加工——分选

基本信息：

分选地址及责任人（省市、县、镇、村，公司名称或责任人姓名）

分选时间（YY/MM/DD）

分选方式（机器还是人工）

安全信息：

分选后贮存温度（℃）

分选后贮存湿度（相对湿度％）

分选时添加化学物质名称、商标、生产厂家、数量

（4）腌制

基本信息：

原料入库前水分含量（％，质量分数）

原料入库前重金属含量（铅、镉、汞、铬、砷等）

原料入库前农药残留含量

原料入库时间（YY/MM/DD）

原料贮存温度（℃）

原料贮存湿度（相对湿度％）

腌制企业名称、地址和责任人

腌制企业代码

腌制方法

成品包装材料名称、商标、生产厂家

成品基本指标（国家标准）

包装时间（YY/MM/DD）

出厂时间（YY/MM/DD）

成品贮存温度（℃）

成品贮存湿度（相对湿度％）

安全信息：

腌制添加物质名称、商标、生产厂家

腌制水源质量（国家标准）

（5）运输环节

成品运输时间（YY/MM/DD）

成品运输温度（℃）

运输湿度（相对湿度％）

运输企业名称、地址和责任人（名称、地址、责任人姓名）

运输公司代码

运输容器或工具名称、商标、生产厂家

（6）销售环节

销售企业名称、地址和责任人

销售单位代码

成品贮藏温度（℃）

成品贮藏湿度（相对湿度％）

货架期

5.2.3.6　鲜果及制品（果汁、果脯、罐头等）

种植、收获、分选、深加工（压榨、腌制等）、运输、销售六个主要环节。

（1）种植

基本信息：

果树品种

树龄

种植地点（省市、县、镇、村）

种植责任人（农场名称或农户姓名）

土壤类型（如沙壤土等）

气候类型（如亚温带气候等）

安全信息：

土壤重金属含量（铅、镉、汞、铬、砷等）

使用农药名称、商标、生产厂家、使用剂量

施用氮肥名称、商标、生产厂家、使用剂量

施用磷肥名称、商标、生产厂家、使用剂量

施用钾肥名称、商标、生产厂家、使用剂量

使用有机肥种类、使用剂量

（2）收获

基本信息：

收获时间（YY/MM/DD）

收获责任人（公司名称或农户姓名）

收获方式（人工或机械）

安全信息：

收获温度（℃）

收获湿度（相对湿度％）

贮藏时含水量（％，质量分数）

贮藏环境温度（℃）

贮藏环境湿度（相对湿度％）

贮藏时间（从贮藏到初加工或出售时间，天）

（3）初加工——分选

基本信息：

分选责任人（公司名称或责任人姓名）

分选时间（YY/MM/DD）

分选方式（机器还是人工）

安全信息：

清洗水源质量（国家标准）

分选后贮存温度（℃）

分选后贮存湿度（相对湿度％）

分选时添加化学物质名称、商标、生产厂家

（4）深加工（压榨、腌制等）

基本信息：

原料入库前水分含量（％，质量分数）

原料入库前重金属含量（铅、镉、汞、铬、砷等）

原料入库前农药残留含量

原料入库时间（YY/MM/DD）

原料贮存温度（℃）

原料贮存湿度（相对湿度％）

加工企业名称、地址和责任人

加工企业代码

加工方法（压榨或腌制等）

成品包装材料名称、商标、生产厂家

成品基本指标（国家标准）

包装时间（YY/MM/DD）

出厂时间（YY/MM/DD）

成品贮存温度（℃）

成品贮存湿度（相对湿度％）

安全信息：

添加物质名称、商标、生产厂家

（5）运输环节

成品运输时间（YY/MM/DD）

成品运输温度（℃）

运输湿度（相对湿度％）

运输企业名称、地址和责任人（名称、地址、责任人姓名）

运输公司代码

运输容器或工具名称、商标、生产厂家

（6）销售环节

销售企业名称、地址和责任人

销售单位代码

成品贮藏温度（℃）

成品贮藏湿度（相对湿度％）

货架期

5.2.3.7　粮食

整个溯源系统分为种植、收获（包括脱粒）、初加工（脱壳、磨粉）、深加工（蒸制等）、运输、销售六个主要环节。

（1）种植

基本信息：

作物品种

生育期始止时间（YY/MM/DD）

种植地点（省市、县、镇、村）

种植责任人（农场名称或农户姓名）

土壤类型（如沙壤土等）

气候类型（如亚温带气候等）

安全信息：

土壤重金属含量（铅、镉、汞、铬、砷等）

使用农药名称、商标、生产厂家、使用剂量

施用氮肥名称、商标、生产厂家、使用剂量

施用磷肥名称、商标、生产厂家、使用剂量

施用钾肥名称、商标、生产厂家、使用剂量

使用有机肥种类、使用剂量

（2）收获

基本信息：

收获时间（YY/MM/DD）

收获责任人（公司名称或农户姓名）

收获方式（人工或机械）

收获机械名称、商标、生产厂家

安全信息：

收获温度（℃）

收获湿度（相对湿度%）

贮藏时含水量（%，质量分数）

贮藏环境温度（℃）

贮藏环境湿度（相对湿度%）

贮藏时间（从贮藏到进入下一环节时间，天）

（3）初加工（脱壳、磨粉）

基本信息：

水分含量（%，质量分数）

初加工地址及责任人（省市、县、镇、村，公司名称或责任人姓名）

初加工时间（YY/MM/DD）

初加工机械名称、商标、生产厂家

安全信息：

初加工之前是否经过湿处理（是否）

初加工后贮存温度（℃）

初加工后贮存湿度（相对湿度%）

初加工添加化学物质名称、商标、生产厂家

（4）深加工（蒸制等）

基本信息：

原料入库前水分含量（%，质量分数）

原料入库前重金属含量（铅、镉、汞、铬、砷等）

原料入库前农药残留含量

原料入库时间（YY/MM/DD）

原料贮存温度（℃）

原料贮存湿度（相对湿度%）

加工企业名称、地址和责任人

加工企业代码

第五章

加工方法（蒸制等）

成品包装材料名称、商标、生产厂家

成品基本指标（国家标准）

包装时间（YY/MM/DD）

出厂时间（YY/MM/DD）

成品贮存温度（℃）

成品贮存湿度（相对湿度％）

安全信息：

加工时添加物质名称、商标、生产厂家

加工水源质量（国家标准）

（5）运输环节

成品运输时间（YY/MM/DD）

成品运输温度（℃）

运输湿度（相对湿度％）

运输企业名称、地址和责任人（名称、地址、责任人姓名）

运输公司代码

运输容器或工具名称、商标、生产厂家

（6）销售环节

销售企业名称、地址和责任人

销售单位代码

成品贮藏温度（℃）

成品贮藏湿度（相对湿度％）

货架期

5.2.4 食品溯源编码设计

食品链的数据库链接主要通过编码作为标识字段进行，查询有两种方式：一是直接通过食品可记录单元编码链接进行；二是引入索引字段进行间接查询。前者查询范围广，路线长，终产品最小可记录单元编码为全球唯一，中间环节的可记录单元编码至少要国家唯一；后者查询范围窄，路线短，终产品最小可记录单元编码为全球唯一，但中间环节的可记录单元编码可根据索引实现地区内或企业内唯一即可。

5.2.4.1 终产品编码

整个食品溯源信息系统的关键是设计编码，通过编码达到查询和溯源的目的。食品供应链各个环节均需要设计编码，通过编码实现无缝链接。其关键是设计终产品包装的编码，实现全球唯一性。

（1）商品条码的扩充

商品的条码一般由13位十进制数字组成，结构如图5-11。

可见现有的商品代码只能标识商品种类，不能做到每一包装的全球唯一。要实现最终产品包装的全球唯一，大致有如下编码途径：

6901234512345

图 5-11　商品条码的结构

图中 1～3 位为国家代码（中国是 690～693），第 4～8 位为企业代码，

第 9～12 位为该企业的商品种类代码，最后 1 位是校验码。

1）现有商品代码＋包装代码

此种方式编写的代码由两部分组成，即商品代码（商品种类代码）＋某一种类商品的包装代码。宜采用 13 位码，即年月日（6 位）＋批次（2 位）＋某一批次的商品包装代码（4位）＋校验码（1 位）。

此种编码方式优点是不需对现有商品代码进行改造，易于实用。但其缺点是难以从编码中直接看出食品种类，只有生产企业才知道代码的意义。

2）按食品分类进行改造现有商品代码方式

在现有商品代码中第 9～12 位统一按照食品分类设计。依据我国食品市场准入食品种类，食品分为 28 类，共 4 位代码代表食品种类。其他编码方法与第一种方式相同，这种编码方式可从编码中直接看出食品种类，其缺点是需要对现有商品代码进行改造成 26 位代码。

为了与国际接轨，可按照 CAC 食品分类进行，但由于 CAC 食品分类位数较多，可适当增加编码位数。

（2）UCC/EAN-128

采用 UCC/EAN-128 条码符号时，必须采用 EAN·UCC 应用标识符（AI），EAN·UCC 应用标识符决定属性信息的编码结构。图 5-12 是番茄包装箱托盘标签的三个条码（UCC/EAN-128 条码）。

(13) 020212 (7030) 0563668122345

(02) 05450040000044 (3102) 048000 (37) 100

(00) 254250040700005566

图 5-12　番茄包装箱托盘标签条码符号

图 5-12 中，AI（00）指示后面的数据为系列货运包装箱代码（SSCC）。AI（00）是用于标识物流单元的。这里数据 254250040700005566 是这个装有番茄包装箱托盘的 SSCC。第一位数字 2 表示产品的包装等级。

AI（02）指示后面的数据为全球贸易项目代码（GTIN）。AI（02）通常用于标识托盘上所装的物品。这里数据 05450040000044 是托盘上番茄包装箱的 GTIN。

AI（3102）指示产品的净重。这里数据 048000 表示托盘上番茄包装箱的质量为 480

公斤。

AI（37）指示后面的数据为物流单元中贸易项目的数量。这里数据 100 表示托盘上共有 100 个相同大小的装有番茄的包装箱。

AI（13）指示后面的数据为包装日期。这里数据 020212 表示将这些番茄包装箱放入托盘的日期是 2002 年 2 月 12 日。

AI（7030）指示后面的数据为具有 3 位 ISO 国家（或地区）代码的加工者批准号码。这里数据 0563668122345 表示番茄种植者的批准号码。

国家标准 GB/T 16986—2018《商品条码　应用标识符》为每个 AI 的含义进行了预定义，对于水果、蔬菜产品溯源引用的应用标识符也可用于其他食品的跟踪与溯源。

（3）EPC 编码类型选择

目前，EPC 代码有 64 位、96 位和 256 位 3 种。为了保证所有物品都有一个 EPC 代码并使其载体——标签成本尽可能降低，建议采用 96 位，这样的编码方式可以为 2.68 亿个公司提供唯一标识，每个生产厂商可以有 1600 万个对象种类并且每个对象种类可以有 680 亿个序列号，这对于食品污染物溯源体系来说已经够用了。

EPC-96I 型的设计目的是成为一个公开的物品标识代码，其应用类似于统一产品代码（UPC），或者 UCC/EAN 的运输集装箱代码。域名管理负责在其范围内维护对象分类代码和序列号。域名管理必须保证对 ONS 可靠的操作，并负责维护和公布相关的产品信息。域名管理的区域占据 28 个数据位，允许大约 2.68 亿家制造商容量。这超出了 UPC-12 的十万个和 EAN-13 的一百万个的制造商容量。

EPC 代码是由一个版本号加上另外三段数据（依次为域名管理、对象分类、序列号）。在食品污染物溯源中，用 EPC-96I 型中数据含义唯一标识需要溯源的个体所在的批次。如表 5-4 所示。

表 5-4　EPC-96I 型编码方案

编码方案	编码类型	版本号	域名管理	对象分类	序列号
EPC-96	I 型	8	28	24	36

在食品溯源的过程中，鉴于成本问题和实际操作的可行性问题，对于食品的 EPC 编码细致到批次，而不必要精确到每一个个体。

5.2.4.2　过程各环节编码

按照分布式数据库系统，每个企业（环节）均设立信息管理分中心，设立分数据库，通过企业索引进行查询。企业代码是国内唯一，各个数据单元的编码可为企业内唯一。依据这个原则，各环节的可记录单元编码可灵活设计。

企业编码：根据国家企业代码设计原则进行设计。

5.2.4.3　食品编码案例分析

① 孟猛等针对农产品生产流通各环节所涉及的要素以及根据农产品质量安全管理的实际情况，分别确定了生产者、产品种类、收获日期、批次、产地等要素作为编码对象，并应用 GTIN 进行编码，比如(01)96901234567895(11)100708(10)100711(251)AB1122。在流通环节，在农产品流通码的基础上，通过专有加密算法，提取生产主体代码、产品代码、收获

日期、批次代码及产地代码等加密生成的由 14 位 GTIN 代码和 6 位压缩无序码组成的 20 位阿拉伯数字的农产品溯源码，如图 5-13 所示。

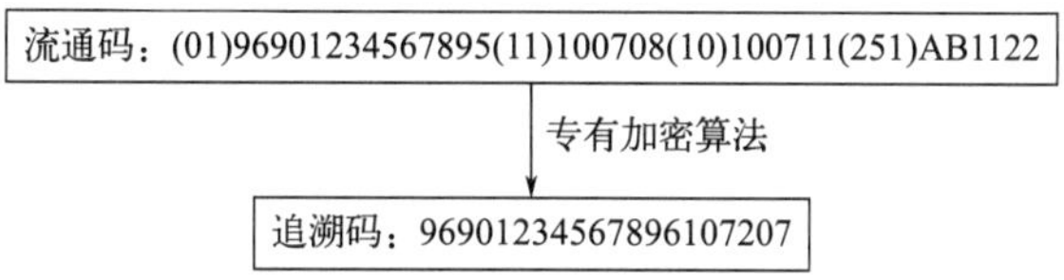

流通码：(01)96901234567895(11)100708(10)100711(251)AB1122

专有加密算法

追溯码：96901234567896107207

图 5-13　农产品溯源码

② 陈耀庭等要求每一个产品均赋予一个全球唯一的 EAN/UCC 代码，即全球贸易项目代码（GTIN），通过应用标识符（AI）对产品的属性进行标识的代码，如批次、有效期、保质期等，以及通过全球参与方位置代码（GLN）对农产品供应链中各个环节及参与方进行标识的代码。

③ 张涵等提出基于条码技术对咖啡生产和流通过程的编码方法。咖啡供应链中参与方有原材料供应商（加工厂）、制造商（生产厂）、零售商。在加工厂的加工流程可以用条码标识加工厂和袋装咖啡豆。对于加工厂：用 GLN 标识，以 UCC/EAN-128 条码符号表示。对于袋装咖啡豆：每袋咖啡豆分配 GTIN 和批号，以 UCC/EAN-128 条码符号表示。包括下列应用标识符有：01，表示其后的数据是 GTIN；10，表示其后的数据是批号。由多袋咖啡豆组成的物流单元：用 SSCC 标识，以 UCC/EAN-128 条码符号表示。在生产厂（制造商）的作业环节有：生产（烘烤，混合，粉碎，酿造）（表 5-5），包装（填充），仓储。

表 5-5　不同加工过程的批号示例

加工名称	前一加工过程批号	加工代码	时间（年月日）	批号
烘烤	AB123	1	020904	AB123 1 020904
混合	AB123 1 020904	2	020905	AB123 2 020905
粉碎	AB123 2 020905	3	020905	AB123 3 020905
酿造	AB123 3 020905	4	020908	AB123 4 020908

④ 文向阳的溯源编码方案：牛肉产品的溯源编码采用 GTIN＋牛耳标号码/批号的结构（GTIN 为全球贸易项目代码，14 位定长的数字结构，在中国注册的企业由中国物品编码中心统一分配）。图 5-14 为企业生产的一块牛里脊的一个溯源条码，其 GTIN 为 969934871510044，其牛耳标号码为 100000000。这个牛里脊的溯源代码应为（01）969934871510044（251）100000000。其中，（01）为应用标识符，指示后面的数据为全球贸易项目代码（GTIN）；（251）为应用标识符，指示后面的数据为牛耳标号。数据969934871510044 的含义：第一位数字 9 表示产品为变量产品，69348715 为厂商代码，1004为产品代码，最后一位数字 4 是校验码。以此类推，牛的其它部位同样采用这一编码结构进行标识。对于由多个牛的牛肉组成的牛肉产品，如碎肉和肥牛等，牛肉产品的编码采用 GTIN＋批号的编码结构。

⑤ 中国物品编码中心的水产编码方案：溯源系统采用了 GS1-128 条码对水产品进行标识。例如，试点生产企业的一袋批号为 0003000 的 500g 马鲛鱼，其完

图 5-14　牛肉产品的溯源编码
结构示例图

整的溯源代码为：(01)96937614600026(10)0003000。其中应用标识符（01）指示后面的数据为产品代码（即全球贸易项目代码，GTIN）；应用标识符（10）指示后面的数据为此袋马鲛鱼的批号0003000。代码96937614600026的第一位数字9表示变量产品，其后的69376146为企业依法注册的全球唯一的厂商识别代码，厂商识别代码后面的0002为产品项目代码，最后一位数字"6"是校验码。

⑥ 林立政等对农产品溯源系统的编码设计：农副产品的编码由标识代码、生产日期代码和生产场所代码三部分组成，并采用 GB/T 16986—2018《商品条码　应用标识符》标准中相应的应用标识符。

a. 农副产品标识代码　农副产品标识代码指特定的农产品贸易项目的稳定不变、标准化的"身份"识别代码。它具有结构固定、全球唯一、无含义等特点，其代码结构如表 5-6，表中 $N_2 \sim N_{14}$ 为阿拉伯数字。

表 5-6　农副产品标识代码结构

指示符	厂商识别代码和农副产品项目代码	校验码
9	$N_2\ N_3\ N_4\ N_5\ N_6\ N_7\ N_8\ N_9\ N_{10}\ N_{11}\ N_{12}\ N_{13}$	N_{14}

b. 生产日期代码　生产日期代码用来表示农副产品的生产日期，如猪的屠宰日期、蔬菜的采摘日期等，编码结构采用 YYMMDD 格式，应用标识符为 AI（11）。

c. 生产场所代码　生产场所代码用来表示农副产品的生产场所，如猪舍编号、蔬菜的种植田块编号、食用菌的培养场所编号等，其编码规则由生产厂家决定，但厂商应确保在同一培养周期内，相同编号的所有农副产品的培养过程（包括猪的防疫过程、蔬菜的施肥过程等）完全相同。该代码由 6 位数字、字母或数字与字母混合组成，如果生产场所编码不足 6 位，则高位补 0。生产场所代码的应用标识符为 AI（10）。

例如某猪肉生产企业申请了厂商识别代码 69300001，有一头猪对应的养殖场编号为A015，这头猪的屠宰日期为 2004 年 3 月 17 日，猪肉为 1 级冷却肉，生产企业给该类猪肉设定产品项目代码为 0001，则一个完整的农副产品安全信息编码如图 5-15。

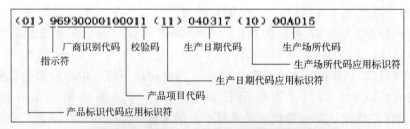

图 5-15　一个完整的农副产品安全信息编码示例

⑦ 杨君等对新鲜水果类食品的编码方案。

溯源产品小包装条形码：红杨桃、番石榴等水果的溯源码，可设置为 20 位 UCC/EAN-128 条形码，每个最小包装的产品，都分配一个唯一的溯源条形码。各位的编码说明如下：

企业编码 (4 位)	条形码 打印点 (1 位)	产品编码 (2 位)	包装 年月日 (6 位)	装箱 (1 位)	产品连 续编码 (5 位)	校验码 (1 位)

企业代码：4 位。条形码打印点：1 位，主要区分溯源编码产生地点。溯源产品编码：2 位，代表不同包装规格、不同形式的产品，不同价格包装的同一产品使用不同的溯源码。产品包装时间：6 位，格式为 YYMMDD。装箱类型：1 位，区分为零售包装用码，还是纸箱用码。产品连续编码：5 位，从 00001 开始，每一零售包装用一个编码，依次增加一个。校验码：1 位。

溯源产品纸箱编码主要用于产品的物流溯源，储存形式可以为条形码或 RFID 电子标签，条形码为 UCC/EAN-128 条形码。一个纸箱可以放数个有溯源编码的小包装产品。20 位编码说明如下：

企业 编码 (4 位)	条形码 打印点 (1 位)	产品 编码 (2 位)	包装 年月日 (6 位)	装箱 (1 位)	装箱 编码 (3 位)	箱内小 包装 数量 (2 位)	校验码 (1 位)

企业代码：4 位。条形码打印点：1 位，主要区分溯源编码产生地点。溯源产品编码：2 位，代表不同包装规格、不同形式的产品，不同价格包装的同一产品使用不同的溯源码。产品包装时间：6 位，格式为 YYMMDD。装箱类型：1 位，区分为零售包装用码，还是纸箱用码；装箱连续编码。3 位，从 001 开始，每一零售包装用一个编码，依次增加一个。箱内小包装数量：2 位，为一个纸箱装入的零售包装的数量。校验码：1 位。

溯源产品土地（农户）编码：土地（农户）编码为 5 位，前 2 位为所在的单位，如红阳农场等，后 3 位为土地（农户）编号。

5.2.5　数据库结构设计（数据表及字段设计）

5.2.5.1　数据库管理系统

数据库管理系统有集中式数据库系统［第一代数据库系统（层次数据库和网状数据库系统）、关系数据库系统、面向对象数据库系统］、分布式数据库系统。宜选用面向对象的分布式数据库系统。

5.2.5.2　数据库之间关系

（1）数据库（表）的链接方式

食品外部溯源或查询是食品链各环节间的溯源和查询，其链接方式取决于数据处理和信息查询的方向和过程。无论是集中式数据库系统，还是分布式数据库系统，数据处理和信息查询都是通过数据库读写来完成的。按照数据处理和信息查询的方向和过程，数据库（表）的链接方式主要有两种：顺序链接和分布式链接。

① 顺序链接：按照食品链各环节顺序，分数据库顺序链接，如图 5-16。每个环节信息分中心查询上一个环节数据库和本数据库进行数据运算，并对本数据库进行存储。顺向查询通过下游数据库完成，逆向查询通过上游数据库完成。这种方式的查询步骤较少，效率高，但是对任一环节数据库的查询中断，查询都不能完成，脆弱性增加。

图 5-16　食品链数据库顺序链接

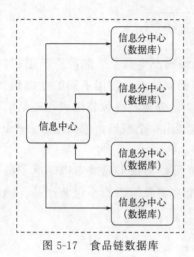

图 5-17 食品链数据库
分布式链接

② 分布式链接：中央数据库和各个环节分数据库链接，环节分数据库之间没有链接，如图 5-17。无论是顺向查询，还是逆向查询，每一次查询操作均需两步，先查询中央数据库，再查询某一环节分数据库。这种方式的查询步骤较多，效率低，但是任一环节分数据库的查询中断，不影响其它环节分数据库的查询，脆弱性降低。

（2）数据库（表）成分

一个数据库含有各种成分，包括表、记录、字段、索引等。

① 数据库（database） Visual Basic 中使用的数据库是关系型数据库。一个数据库由一个或一组数据表组成。每个数据库都以文件的形式存放在磁盘上，即对应于一个物理文件。不同的数据库，与物理文件对应的方式也不一样。对于 dBASE、FoxPro 和 Paradox 格式的数据库来说，一个数据表就是一个单独的数据库文件；而对于 Microsoft Access、Btrieve 格式的数据库来说，一个数据库文件可以含有多个数据表。

② 数据表（table） 简称表，由一组数据记录组成，数据库中的数据是以表为单位进行组织的。一个表是一组相关的按行排列的数据，每个表中都含有相同类型的信息。表实际上是一个二维表格，例如，一个班所有学生的考试成绩，可以存放在一个表中，表中的每一行对应一个学生，这一行包括学生的学号、姓名及各门课程成绩。

③ 记录（record） 表中的每一行称为一个记录，它由若干个字段组成。

④ 字段（field） 也称域。表中的每一列称为一个字段。每个字段都有相应的描述信息，如数据类型、数据宽度等。

⑤ 索引（index） 为了提高访问数据库的效率，可以对数据库使用索引。当数据库较大时，为了查找指定的记录，使用索引和不使用索引的效率有很大差别。索引实际上是一种特殊类型的表，其中含有关键字段的值（由用户定义）和指向实际记录位置的指针，这些值和指针按照特定的顺序（也由用户定义）存储，从而可以以较快的速度查找到所需要的数据记录。

⑥ 过滤器（filter） 过滤器是数据库的一个组成部分，它把索引和排序结合起来，用来设置条件，然后根据给定的条件输出所需要的数据。

（3）数据库（表）设计

① 中央数据库 按分布式数据库管理系统，中央数据库至少包括两类数据表。

a. 以各环节最小可记录单元编码为标识字段的编码表，由每一个环节提供，其它字段为对应的上一个环节最小、最大可记录单元的编码，表征与上一个环节可记录单元编码之间的关联。用于以终产品编码为标识字段的编码表的计算和存储。

b. 以终产品编码为标识字段的编码表，通过数据处理模块，调用各环节最小可记录单元编码为标识字段的编码表进行计算得到。其他字段是各个环节最小、最大可记录单元的编码，表征各编码之间的关联。

② 分数据库 分数据库至少包括三类数据表。

a. 输入数据表，通过数据输入模块经过数据输入得到。以本环节可记录单元为标识字段，其它字段为对应的上一个环节、本环节的可记录单元编码，本环节可记录单元的基本属性信息和安全信息。

b. 最小可记录单元编码为标识字段的编码表，其它字段为对应的上一个环节最小、最大可记录单元的编码，表征与上一个环节可记录单元编码之间的关联。通过数据处理模块调用输入数据获得。用于中央数据库以终产品编码为标识字段的编码表的计算和存储。

c. 可记录单元基本属性及安全信息表，包括最小、中等和最大可记录单元基本属性以及安全信息表。以可记录单元编码为标识字段，其它字段包括本环节相关可记录单元编码、本环节可记录单元的基本属性信息和安全信息。通过输入数据表和最小可记录单元编码为标识字段的编码表调用数据处理模块计算获得。

5.2.6　食品溯源系统外部溯源的实现

5.2.6.1　程序编写

主要是动态网站（交互）网页的编写，实现数据输入、数据处理和数据查询功能。同时还包括数据库存取程序。

5.2.6.2　网络软件安装及网络环境优化

食品溯源信息系统是用户端与服务器之间动态交互的过程，信息量非常庞大，涉及数据输入、数据库存取、数据处理和数据终端输出等过程，需要配置简单、快捷的网页访问，其关键是选用适宜的网络操作软件、操作环境以及快速存取的数据库软件。目前网络操作软件和数据库软件多种多样，选用软件的详细情况请查阅相关资料。

网页设计一般为多页面，基本包括数据输入页面（适用于食品供应链中各责任者）、数据维护（适用网络管理员）和数据查询页面（适用终端用户），在这些页面相互中围绕数据库进行数据输入、传递、处理和输出。

网页编写软件多种多样，现多选动态服务网页设计，数据库为 SQL。

软件还包括数据库系统安装与设置。

5.2.6.3　数据输入

食品溯源信息系统的数据来源于各个环节的输入，可采取可视的表单输入形式，实行网络远程输入。根据各环节的信息种类和每种信息的最大字段长度进行表单的设计。数据输入的操作包括原始数据表单输入、提交、原始数据表存储、原始数据校验、校验后的原始数据存储，用于原始数据表中数据单元的存储。

5.2.6.4　数据处理

数据处理是指数据输入后，经过一定的算法对数据库中的数据进行存储的过程。在信息管理中心，主要是通过数据处理调用以各环节最小可记录单元编码为标识字段的编码表，得到终产品编码为标识字段的编码表。在信息分中心，主要是通过数据库模块调用输入数据表，得到本环节最小可记录单元编码为标识字段的编码表。

5.2.6.5　数据查询

数据查询则是通过数据查询模块，调用终产品编码，获得各个环节相关的可记录单元编码，并以各个环节相关的可记录单元编码为标识字段，寻找相应的可记录单元基本属性及安全信息表，显示所需信息。对于消费者，可通过产品包装上的溯源编码，通过网站、触摸屏、手机短信和电话等方式进行查询。

5.2.7　食品溯源系统的内部溯源

一个完整的食品溯源系统应包括外部溯源和内部溯源，前者主要用于企业间的信息交流，消费者、政府监管部门、其他企业要求的信息基本得到满足，所以通常意义上的溯源系统实际上是外部溯源系统。但是当一个食品安全事件出现时，或某一批次食品发生安全问题时，需要追踪其原因，外部溯源就不能满足其要求，必须依赖于内部溯源。虽然在企业内部早已应用加工和质量控制系统，但是从加工到销售过程在一些企业中被作为一个综合的过程进行管理，溯源系统的建立就是其中的一个例子。一些大型企业内引入了一个包括货物存储、操作设计、市场计划、维护、文件管理、质量控制、人力资源管理等各个层次管理的企业资源计划系统（ERP），该系统通过企业网络终端密码进入，不同的用户有不同的注册密码。在任何一个地方接收货物，该系统均有记录。ERP系统提供了一个一步商店信息查询，紧急情况下信息查询快捷安全，仅花几分钟就可查询到一个原料的所有批次，同时也提供正向溯源和反向溯源。

与溯源有关的食品信息系统以不同的原因不同的目的进入食品链，自然形成了一些信息孤岛，数据存储在不同的计算机系统中，但是对于溯源系统而言，从原料的购买到产品的分销，数据无缝链接是必需的前提之一。ERP系统试图建立一个既能满足企业内部需求，又能满足外部溯源的信息管理系统。

5.3　食品溯源系统的执行流程

当有溯源要求时，应按如下顺序和途径进行：

（1）发起溯源请求

任何组织均可发起溯源请求。提出溯源请求的溯源参与方应至少将溯源单元标识（或溯源单元的某些属性信息）、溯源参与方标识（或溯源参与方的某些属性信息）、位置标识（或位置的某些属性信息）、日期/时间/时段、流程或事件标识（或流程的某些属性信息）之一通知溯源数据提供方，以获得所需信息。

（2）响应

当溯源发起时，涉及的组织应将溯源单元和组织信息提交给与其相关的组织，以帮助溯源顺利进行。食品供应链涉及食品的种植养殖、生产、加工、包装、贮藏、运输、销售等环节，溯源可沿饲料和食品链逐环节进行。与溯源请求方有直接联系的上游和（或）下游组织响应溯源请求，查找溯源信息。组织可通过识别上下游组织来确定其在食品链中的位置。通过分析食品供应链过程，各组织应对上一环节具有溯源功能，对下一环节具有追踪功能，即各溯源参与方应能对溯源单元的直接来源进行溯源，并能对溯源单元的直接接收方加以识别。各组织有责任对其输出的数据，以及其在食品供应链中上一环节和下一环节的位置信息进行维护和记录，同时确保溯源单元信息的真实唯一性。

组织应明确可追溯体系所覆盖的食品流向，以确保能够充分表达组织与上下游组织之间以及本组织内部操作流程之间的关系。食品流向包括：针对食品的外部过程和分包工作；原料、辅料和中间产品投入点；组织内部操作中所有步骤的顺序和相互关系；最终产品、中间产品和副产品放行点。当然并不仅仅局限于此。

组织依据追溯单元流动是否涉及不同组织，可将追溯范围划分为外部追溯和内部追溯。当追溯单元由一个组织转移到另一个组织时，涉及的追溯是外部追溯。外部追溯是供应链上组织之间的协作行为（GB/Z 25008—2010 中 3.2）。一个组织在自身业务操作范围内对追溯单元进行追踪和（或）溯源的行为是内部追溯。内部追溯主要针对一个组织内部各环节间的联系（GB/Z 25008—2010 中 3.3），见图 5-18。外部追溯按照"向前一步，向后一步"的设计原则实施，以实现组织之间和追溯单元之间的关联为目的，需要上下游组织协商共同完成。内部追溯与组织现有管理体系相结合，是组织管理体系的一部分，以实现内部管理为目标，可根据追溯单元特性及组织内部特点自行决定。

图 5-18　饲料和食品链各方溯源关系示意图

组织应确定不同追溯范围内需要记录的追溯信息，以确保饲料和食品链的可追溯性。需要记录的信息包括：来自供应方的信息，产品加工过程的信息，向顾客和（或）供应方提供的信息。

为方便和规范信息的记录和数据管理，将追溯信息划分为基本追溯信息和扩展追溯信息。追溯信息划分和确定原则如表 5-7 所示。

表 5-7　追溯信息划分和确定原则

追溯信息	追溯范围	
	外部追溯	内部追溯
基本追溯信息	以明确组织间关系和追溯单元来源与去向为基本原则；是能够"向前一步，向后一步"链接上下游组织的必需信息	以实现追溯单元在组织内部的可追溯性，快速定位物料流向为目的；是能够实现组织内各环节间有效链接的必需信息
扩展追溯信息	以辅助基本追溯信息进行追溯管理为目的，一般包含产品质量或商业信息	更多地为企业内部管理、食品安全和商业贸易服务的信息

基本追溯信息必须记录，以不涉及商业机密为宜。
宜加强扩展追溯信息的交流与共享。

组织应规定数据格式，确保数据与标识的对应。在考虑技术条件、追溯单元特性和实施成本的前提下，确定记录信息的方式和频率，且保证记录信息清晰准确，易于识别和检索。数据的保存和管理，包括但不限于：规定数据的管理人员及其职责；规定数据的保存方式和期限；规定标识之间的关联方式；规定数据传递的方式；规定数据的检索规则；规定数据的安全保障措施。若实现既定的溯源目标，溯源响应方将查找结果反馈给溯源请求方，并向下游组织发出通知；否则应继续向其上游和（或）下游组织发起溯源请求，直至查出结果为止（见图5-19）。溯源也可在组织内各部门之间进行，溯源响应类似上述过程。

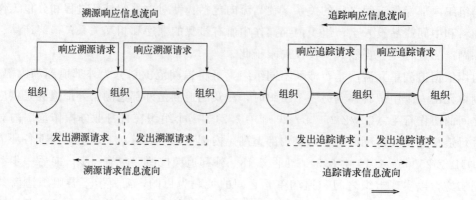

图 5-19   溯源执行流程

（3）采取措施

若发现安全或质量问题，组织应依据溯源界定的责任，在法律和商业要求的最短时间内采取适宜的行动。包括但不限于：快速召回或依照有关规定进行妥善处置；纠正或改进可溯源体系。

5.4   食品溯源系统的实施

5.4.1   制订可溯源计划

组织应当精心策划一套可追溯性计划，该计划在设计时需充分考量其与组织内部其他管理体系的兼容性和互补性。此可追溯性计划是针对特定溯源单元而定制的策略性文档，它紧密依据溯源单元的独特属性及溯源要素的关键要求，详细规定了溯源方法、操作步骤及工作程序。该计划旨在通过直接指导或依托详尽的文件化程序，为组织内部实施高效、系统的可追溯性体系提供明确路径和蓝图。

可溯源计划至少应规定：

可溯源体系的目标；

适用的产品；

溯源的范围和程度；

如何标识溯源单元；

记录的信息及如何管理数据。

5.4.2   明确人员职责

组织应成立溯源工作组，明确各成员责任，指定高层管理人员担任溯源工作管理者。确保溯源管理者的职责、权限。溯源管理者应具有以下权利和义务：

向组织传达饲料和食品链可溯源性的重要性；

保持上下游组织之间及组织内部的良好沟通与合作；

确保可溯源体系的有效性。

5.4.3　制订培训计划

组织应当积极制订并执行一套全面而周密的培训计划，该计划需明确界定培训的频率与形式，以确保培训内容既符合实际需求又具备灵活性。为了有效提升溯源工作组人员的专业能力，组织应不遗余力地提供充足的培训资源，包括但不限于教材、模拟演练环境及资深导师的指导等。此外，还应采取一系列创新且有效的措施，如定期考核、实操演练等，以持续强化人员的专业素养和实操能力。在此过程中，组织应建立健全的档案管理机制，详尽记录溯源工作组每位成员的教育背景、培训经历、技能掌握情况及实际工作经验，形成一套完整、系统的个人职业成长档案。

培训的内容包括但不限于：

相应国家标准；

可溯源性体系与其他管理体系的兼容性；

溯源工作组的职责；

溯源相关技术；

可溯源体系的设计和实施；

可溯源体系的内部审核和改进。

5.4.4　建立监管方案

组织应建立可溯源体系的监管方案，确定需要监管的内容，以及确定监管的时间间限和条件。监管方案应包括：

溯源的有效性、运行成本的监测；

对溯源目标的满足程度；

是否符合溯源适用的法规要求；

标识混乱、信息丢失及产生其他不良记录的历史证据；

对纠正措施进行分析的数据记录和监测结果。

5.4.5　设立关键指标评价体系有效性

组织应设立关键指标，以测量可溯源体系的有效性。关键指标包括但不限于：

溯源单元标识的唯一性；

各环节标识的有效关联；

溯源信息可实现上下游组织间及组织内部的有效链接与沟通；

信息有效期内可检索。

5.4.6　内部审核

组织应按照管理体系内部审核的流程和要求，建立内部审核的计划和程序，对可追溯体系的运行情况进行内部审核，以是否符合关键指标的要求作为体系符合性的标准。如体系有不符合性现象，应记录不符合规定要求的具体内容，以方便查找不符合的原因以及体系的不断改进。组织应记录内部审核相关的活动与形成的文件。

内部审核计划和程序的内容包括但不限于：

审核的准则、范围、频次和方法；

审核计划、实施审核、审核结果和保存记录的要求；

审核结果的数据分析，体系改进或更新的需求。

可溯源体系不符合要求的主要表现有：

违反法律法规要求；

体系文件不完整；

体系运行不符合目标和程序的要求；

设施、资源不足；

产品或批次无法识别；

信息记录无法传递。

导致不符合的主要原因有：

目标变化；

产品或过程发生变化；

信息沟通不畅；

缺乏相应的程序或程序有缺陷；

员工培训不够，缺乏资源保障；

违反程序要求和规定。

5.4.7　评审与改进

追溯工作组应系统评价内部审核的结果（应符合 GB/T 22005—2018 第 8 章的要求）。当确定可溯源体系运行不符合或偏离设计的体系要求时，组织应采取适当的纠正措施和（或）预防措施，并对纠正措施和（或）预防措施实施后的效果进行必要的验证，提供证据证明已采取措施的有效性，保证体系的持续改进。

纠正措施和（或）预防措施应包括但不限于：

立即停止不正确的工作方法；

修改可溯源体系文件；

重新梳理物料流向；

增补或更改基本溯源信息以实现饲料和食品链的可溯源性；

完善资源与设备；

完善标识、载体，增加或完善信息传递的技术和渠道；

重新学习相关文件，有效进行人力资源管理和培训活动；

加强上下游组织之间的交流协作与信息共享；

加强组织内部的互动交流。

思考练习

请扫二维码
查询参考答案

1. 食品全程溯源系统的建立，大体可分为几步？
2. 食品溯源信息系统包括哪几个模块？
3. 数据库的链接方式有哪几种？
4. 简述食品溯源系统的执行流程。
5. 结合本章的学习内容，简述番茄的外部溯源信息。

参考文献

[1] GB/T 22000—2018 食品安全管理体系——食品链中各类组织的要求.

[2] GB/T 15425 EAN·U CC 系统 128 条码.

[3] GB/T 16986 商品条码 应用标识符.

[4] 孟猛，梁伟红，宋启道，等. 农产品流通码及追溯码的编码研究[J]. 热带农业科学，2010，30（1）：4.

[5] 陈光晓，陈辉，问静波，等. 基于物联网的农产品质量监管与溯源系统设计[J]. 计算机技术与发展，2023，33（1）：8.

[6] 赵巧润，曹宇璇，曹怡凡，等. 互联网＋区块链技术在食品安全溯源体系中的应用及研究进展[J]. 食品工业科技，2023，44（6）：9.

[7] 王宇童，王磊，包媛媛，等. 基于多元分类判别方法对普洱生茶进行产地溯源研究[J]. 食品安全质量检测学报，2023，14（3）：10.

[8] 南楠. 基于 RFID 技术的肉制食品溯源系统设计[J]. 现代畜牧科技，2016（8）：4.

[9] 刘韬，都洪韬，丁润东，等. 基于 QR Code 二维码的食品溯源系统的开发与设计[J]. 阜阳师范大学学报，2021，38（4）：6.

[10] 马鸿健. 基于供应链的蔬菜质量安全溯源系统研究与实现[D]. 山东农业大学，2015.

[11] 蒋惠. 基于 GIS 的肉品全周期质量安全追溯系统设计与开发[D]. 南京航空航天大学，2023.

[12] 张燕. 基于 B/S 架构的农产品溯源安全管理系统设计[J]. 安徽农业科学，2011，39（34）：3.

[13] 刘雪梅，章海亮，刘燕德. 农产品质量安全可追溯系统建设探析[J]. 湖北农业科学，2009（08）：2001—2003.

[14] 刘树，田东，张小栓，等. 基于混合模式的农产品质量安全可追溯系统集成方法[J]. 计算机应用研究，2009，26（10）：3.

[15] 张涵，李素彩. 条码技术在食品溯源过程中的应用研究[J]. 中国市场，2007（23）：3.

[16] 杨毅，文向阳. 我国首例采用 EAN·UCC 系统跟踪与追溯牛肉产品简介[J]. 条码与信息系统，2005（2）：3.

[17] 张保岩. 基于 RFID 的无公害蔬菜质量安全管理系统设计与实现[D]. 天津大学，2013.

第六章
不同种类食品全程溯源系统的建立

 本章导读

  食品溯源系统是一套利用自动识别和 IT 技术，帮助食品企业监控和记录食品种植（养殖）、加工、包装、检测、运输等关键环节的信息，并把这些信息通过互联网、终端查询机、电话、短信等途径实时呈现给消费者的综合性管理和服务平台。它是以实现对食品供应链上原料的供应、食品加工、储藏运输及零售等各环节信息进行质量追溯，准确地缩小食品质量安全问题的查找范围，有效查出问题出现的关键环节，规范和约束食品生产者和经营者的行为。消费者也可以通过意见反馈，更新食品质量信息，使食品最有效率地出现在市场之中。根据最小可记录单元的信息组成和溯源系统的特点，本章将从生鲜食品和加工食品两方面分别介绍不同种类食品全程溯源系统的建立。

 学习目标

1. 了解生鲜及加工食品全程溯源系统的特点和编码思路。
2. 掌握生鲜及加工食品的生产流程及可记录单元。
3. 熟悉生鲜及加工食品全程溯源系统编码设计，会简单设计某一生鲜或加工食品的全程溯源系统框架。

6.1 概述

  食品溯源系统可以保障食品安全及可全程追溯，规范食品生产、加工、流通和消费四个环节，将大米、面粉、油、肉、奶制品等食品都颁发统一"电子身份证"，成品全部加贴RFID电子标签，并建立食品安全数据库，从食品种植养殖及生产加工环节开始加贴，实现"从农田到餐桌"全过程的跟踪和追溯，包括运输、包装、分装、销售等流转过程中的全部信息，如生产基地、加工企业、配送企业等都能通过电子标签在数据库中查到。农产品溯源系统流程如图6-1。总体看，食品经历的从生产到销售的过程基本相同，然而不同种类的食品在每一个环节的经历不同，包括时间长短和复杂程度，尤其是加工环节。相对而言，生鲜食品的加工链较短，加工过程简单；加工食品加工链较长，加工过程复杂。尽管溯源的最终目的是溯源一个终包装产品从生产到销售所经过的轨迹，并且其轨迹越细越好，但是为了溯源系统的有效性和易操作性，不管环节的长短和复杂程度如何，我们仅提取与溯源目的（即保障食品安全）相关的信息，其做法是尽量简化每一个环节及过程。对溯源系统的建立至关重要的是可单独记录的最小单元不同或单独记录的意义不大。如在养殖过程中可单独记录一头猪的信息，也符合现代管理的要求，一个包装的猪肉，可溯源到某一头猪身上，还包括它的养殖、屠宰、贮藏等过程的地方、责任人及其他相关的信息。但单独记录一只鸡的意义不大，没有必要溯源一个包装的鸡肉来源于哪一只鸡；又如，单独记录一棵果树的信息意义不大，但有必要追溯到某一个果园。再有就是食品加工过程中（有些粗加工除外），一般都是批量加工，只能记录某一个批次的信息。可记录的最小单元大小及其组成决定着组成最小可记录单元的信息量及其组成，也决定着建立溯源系统的信息流程和系统复杂程度。根据最小可记录单元的信息组成和溯源系统的特点，可从生鲜食品和加工食品两方面分类建立溯源系统。

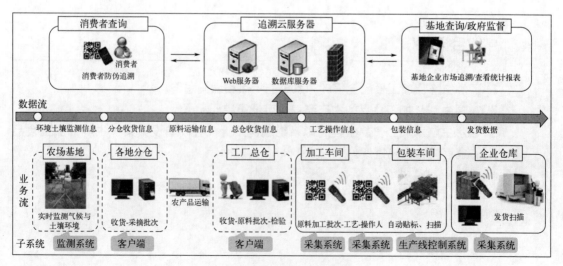

图 6-1 农产品溯源系统流程

6.2　生鲜食品全程溯源系统

6.2.1　生鲜食品全程溯源系统的特点及编码思路

目前生鲜食品较有代表性的是指"生鲜三品"，即果蔬（蔬菜水果）、肉类和水产品，对这类商品基本上只做必要的保鲜和简单整理就可上架出售，未经烹调、制作等深加工过程。由于生鲜食品只经过简单的粗加工，如清洗、分拣、分割、冷藏等，各环节较简单，因此信息提取较少，需要建立的溯源系统清晰明了，追溯速率较快，追溯的轨迹较细。

第一种：个体追溯，如大型动物食品的胴体或肉块。根据我国相关大型动物管理条例，每一头大型动物均需记录和标记，使大型动物食品的个体追溯成为可能。可记录单元可以为某一个自然个体，这样一块肉追溯到某一个个体成为可能。对于终产品是胴体或来源同一胴体的某一块肉，可追溯到养殖的某一个个体，但这依赖于养殖过程中的耳标记录。对于终产品的包装是不同胴体的相同部位，由于在粗加工（分割）环节进行不同胴体相同部位的整理，编码的最小可记录单元是一批，终产品的包装通过全程追溯只能追溯到一群或一个基地。但随着技术的发展，利用 DNA 技术可能追溯到一个个体或一群。借助于 DNA 技术，可对个体追溯进行验证。

第二种：基地或区域追溯，如小型动物的胴体、大型动物的部位包装和植物性食品包装。对于小型动物食品，在养殖环节，最小可记录单元为一群或一个养殖基地；不管终产品是胴体包装或相同部位包装，只要在粗加工（分割）环节进行同一基地或同一群动物独立粗加工，均可追溯到一群或养殖基地。对于大型动物的同一部位包装，由于在粗加工（分割）环节进行不同胴体相同部位的整理，编码的最小可记录单元是一批，终产品的包装通过全程追溯只能追溯到一群或一个基地。对于植物性食品，在种植阶段，最小可记录单元为一个园区、一个种植基地或一个区域，只要在粗加工（分割）环节进行同一基地植物性食品独立粗加工（筛选、分拣等），终产品可追溯到一个基地或一个区域，取决于养殖环节的最小可记录单元。

在追溯过程中，环节之间的链接是依赖于编码进行的，在对生鲜食品的追溯中，可根据最小可记录单元的组成进行编码，一个最小可记录单元为一个编码。在个体追溯中，最大可记录单元为一个自然个体，最小可记录单元为一块肉，最大可记录单元包含若干个最小可记录单元。编码的顺序是由大（养殖和屠宰）直接到小（分割包装）。在基地或区域追溯中，最大可记录单元为一个基地，最小可记录单元为一个小型动物胴体、一个相同部位的包装或植物性食品包装，最大可记录单元包含若干个最小可记录单元。编码的顺序是由大（养殖、种植）到中（批次粗加工）再到小（包装）。

6.2.2　生鲜食品的生产流程及可记录单元

（1）新鲜蔬果

种植→采收→分选→腌制→运输→销售六个主要环节。可记录单元见图 6-2。

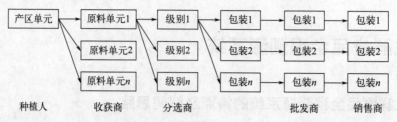

图 6-2　新鲜蔬果的基本流程、可记录单元及责任者

（2）大型动物食品

方案 1：收购动物，直接屠宰后分割成小包装，运送至配送中心，最后进入销售环节。可记录单元见图 6-3。

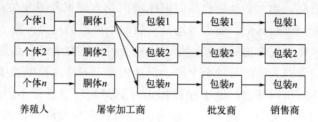

图 6-3　生鲜大型动物食品个体溯源的基本流程、最小可记录单元及责任者

方案 2：收购动物，直接屠宰后半分，运送至配送中心，进入销售环节后分割销售。可记录单元见图 6-4。

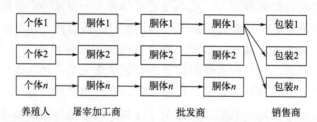

图 6-4　生鲜大型动物食品基地溯源的基本流程、最小可记录单元及责任者

方案 3：收购低龄动物，进入育肥，再进入屠宰环节。可记录单元见图 6-5。

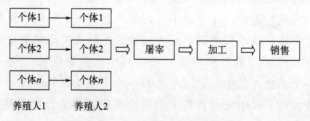

图 6-5　基于育肥的生鲜动物食品基地溯源的基本流程、
最小可记录单元及责任者

（3）小型动物食品

方案：收购动物，屠宰后分割成小包装，运送至配送中心，最后进入销售环节。可记录单元见图 6-6。

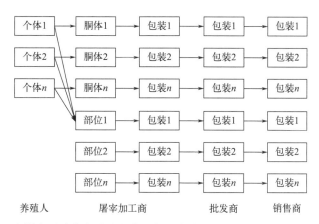

图 6-6　生鲜小型动物食品基地溯源的基本流程、最小可记录单元及责任者

6.2.3　生鲜食品溯源系统编码设计

一般来说，要给每个贸易产品（例如一个零售包装的苹果要在 POS 点零售）或一个贸易产品的集合体（例如一箱包装不同的苹果从仓库运送到零售点）分配一个全球唯一的 EAN·UCC 代码，这个代码就是 GTIN（全球贸易项目代码）。GTIN 只是贸易产品在世界范围内唯一的标识号码，一般不包含产品的任何含义。

当采用 UCC/EAN-128 条码符号时，必须采用 EAN·UCC 应用标识符（AI），EAN·UCC 应用标识符决定属性信息的编码结构。图 6-6 是番茄包装箱托盘标签的三个条码（UCC/EAN-128 条码）。

(13) 020212 (7030) 0563668122345

(02) 05450040000044 (3102) 048000 (37) 100

(00) 254250040700005566

图 6-7　番茄包装箱托盘标签条码符号

图 6-7 中，AI（00）指示后面的数据为系列货运包装箱代码（SSCC）。AI（00）是用于标识物流单元的。这里数据 254250040700005566 是这个装有番茄包装箱托盘的 SSCC。第一位数字 2 表示产品的包装等级。

AI（02）指示后面的数据为全球贸易项目代码（GTIN）。AI（02）通常用于标识托盘上所装的物品。这里数据 05450040000044 是托盘上番茄包装箱的 GTIN。

AI（3102）指示产品的净重。这里数据 048000 表示托盘上番茄包装箱的质量为 480 公斤。

AI（37）指示后面的数据为物流单元中贸易项目的数量。这里数据 100 表示托盘上共有 100 个相同大小的装有番茄的包装箱。

AI（13）指示后面的数据为包装日期。这里数据 020212 表示将这些番茄包装箱放入托盘的日期是 2002 年 2 月 12 日。

AI（7030）指示后面的数据为具有 3 位 ISO 国家（或地区）代码的加工者批准号码。这里数据 0563668122345 表示番茄种植者的批准号码。

国家标准 GB/T 16986—2018《商品条码　应用标识符》为每个 AI 的含义进行了预定义，对于水果、蔬菜产品追溯引用的应用标识符也可用于其他食品的跟踪与追溯。

水果、蔬菜产品供应链中信息传输的全过程见表 6-1。

表 6-1　水果、蔬菜产品供应链中信息传输的全过程

水果和蔬菜标签标注信息传输一览		
种植者	加工/包装	分销/零售
箱子/盒子标签	托盘标签	零售贸易项目上的标签
条码：UCC/EAN-128		条码：EAN-13
蔬菜和水果的文件（蔬菜或水果的记录，农田文件…）信息： ▶种植者信息 ▶农田代码 ▶有机或化学农作物保护 …	UCC/EAN-128： 　AI(01)：产品的 GTIN。 　AI(7030)：种植者标识或 AI(412)：供应商/进货者标识。 　AI(10)：批号。 　AI(11)：收获日期(可选项)。 　AI(251)：农田代码(可选项)。 　AI(422)：原产国。 标签上的人工可识读信息： 　种植者/分级者/包装者的(批准)号码，产品名称、种类或贸易类型，等级/种类，尺寸，净重，原产国，批号，包装日期(可选项)。	UCC/EAN-128： 　AI(00)：SSCC。 　AI(13)：托盘化日期。 　AI(02)：托盘中包含贸易项目的 GTIN(只对同类托盘)。 　AI(30)：可变数量。 　AI(310X)：净重。 　AI(37)：托盘中包含贸易项目的数量(只对同类托盘)。 　AI(703X)或 AI(412)：种植者/供应商/进货商/作业者标识。 　AI(422)：原产国。 托盘上的人工可识读信息： 　种植者/包装者/分级者的批准号码，产品名称、种类或贸易类型，等级/种类，尺寸，净重，原产国，托盘化日期，SSCC。	人工可识读信息： 　种植者/分级者/包装者的批准号码，产品名称、种类或贸易类型，等级，尺寸，净重，原产国，包装日期(可选项)，批号或 SSCC。 　EAN-13 是进入 POS 物品数据库的关键字。

国家标准 GB/T 16986—2018《商品条码　应用标识符》为每个 AI 的含义进行了预定义，对于牛肉产品追溯引用的应用标识符也可用于其他食品的跟踪与追溯。

采用 EAN·UCC 系统的牛肉供应链信息交换的全过程见表 6-2。

表 6-2　EAN·UCC 系统用于牛肉供应链过程

供应链环节	屠宰	分割	销售	零售
图示				
标签类型	身份证/健康证明、耳标	胴体标签	加工标签	零售标签
码制		UCC/EAN-128	UCC/EAN-128	EAN-13
信息交换方式	条码或射频或人工	EANCOM UCC/EAN-128 条码	EANCOM UCC/EAN-128 条码	只有 GTIN 是进入物品数据库的关键字
关键信息	耳标号	AI01 GTIN AI251 耳标	AI01 GTIN AI251 耳标(或者 AI10 批号)	
属性信息		AI422 出生国 AI423 饲养国 AI7030 屠宰国与屠宰厂批准号码(或者 AI412 全球位置码)	AI422 出生国 AI423 饲养国 AI7030 屠宰国与屠宰厂批准号码(或者 AI412 全球位置码) AI7031-39 分割国与分割厂批准号码(或者 AI412 全球位置码)	

以此类推，牛的其它部位同样采用这一编码结构进行标识。对于由多个牛的牛肉组成的牛肉产品，如碎肉和肥牛等，牛肉产品的编码采用 GTIN＋批号的编码结构。

6.2.4　新鲜蔬果全程溯源系统案例

6.2.4.1　基于二维码技术的热带水果质量安全追溯系统设计与实现

在研究二维码技术的基础上，通过研究分析热带水果生产与流通环节所涉及的要素，采用 HACCP、FMECA 等技术方法，找出热带水果质量安全的关键要素。采用国家及行业的相关编码标准，设计热带水果追溯编码结构，构建基于二维码技术的热带水果质量安全追溯系统。热带水果企业或基地通过使用该系统提高了热带水果安全生产管理水平，实现了热带水果质量安全溯源，促进了热带水果产业化经营和标准化管理。

（1）编码设计

1）编码对象确定

以热带水果生产与流通过程为主线，采用 HACCP、FMECA 等技术方法，找出热带水果质量安全关键要素，针对热带水果生产流通环节（见图 6-8）所涉及的要素（种植、采摘、采后处理、包装、运输等），分别确定了生产者、产地、采摘日期、产品种类、包装日期等要素作为编码对象。

图 6-8　热带水果生产流通环节

2）追溯编码设计

根据已确定的编码对象，采用 GB/T 16986—2018《商品条码　应用标识符》标准中规定的相应的应用标识符，确定热带水果追溯码应用标示符。

① 用贸易项目标识符 AI（01）来标识热带水果 GTIN 代码（14 位）。

② 用生产日期标识符 AI（11）来标识生产日期（6 位）。

③ 用包装日期标识符 AI（13）来标识批次代码（6 位）。

④ 用源实体参考代码标识符 AI（251）来标识产地代码。

同时，根据全球贸易项目代码 GTIN-14 代码结构及 UCC/EAN-128 条码的要求，结合已确定的热带水果编码对象和所选取的相关应用标识符，设计热带水果追溯码结构，见图 6-9。

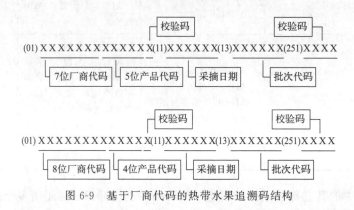

图 6-9　基于厂商代码的热带水果追溯码结构

考虑到一些水果企业没有厂商代码，设计了一种基于组织机构代码的热带水果追溯码结构，见图 6-10。

图 6-10　基于组织机构代码的热带水果追溯码结构

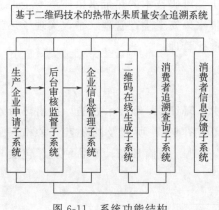

图 6-11　系统功能结构

（2）功能设计

通过对热带水果生产企业或基地进行调研，分析其生产与流通环节，充分考虑生产企业或基地、监管部门和消费者的实际操作情况，该系统采取 B/S 体系结构进行系统设计。该系统共包括 6 个子系统：生产企业申请子系统、后台审核监督子系统、企业信息管理子系统、二维码在线生成子系统、消费者追溯查询子系统和消费者信息反馈子系统，见图 6-11。

（3）结构设计

① 物理结构设计。该系统物理结构设计采用分布式结构，即 Web 服务器和 DataBase 服务器进行分布式架构，并通过互联网技术和跨平台

开发，实现了基于 SMS-SDK（short messaging service，SMS；software development kit，SDK）短信开发组件和多运营商（中国移动、中国联通、中国电信）统一接入及服务技术的热带水果质量安全追溯系统整体系统架构，见图 6-12。

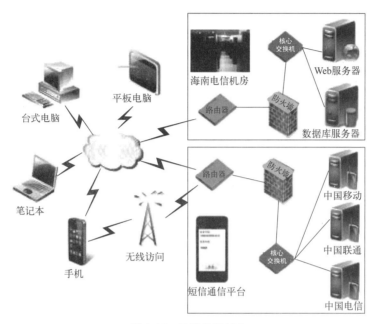

图 6-12　系统物理结构

②逻辑结构设计。在逻辑结构（见图 6-13）图中，Web 浏览器为客户层，它是用户与系统交互信息的窗口，所有的客户端只是浏览器，不需做维护，主要作用是帮助检查用户输入的数据，显示系统输出的数据。操作用户使用已定义好的服务或函数。热带水果 Web 服务器为应用层，负责处理前端客户层的应用请求，当 Web 浏览器（客户端）连接到服务器上并请求文件时，服务器将处理该请求，并将文件反馈到该浏览器上，附带的信息会告诉浏览器如何查看该文件（即文件类型）。热带水果数据库服务器为数据服务层进行数据库管理的系统，并由其负责提供和管理各类数据。

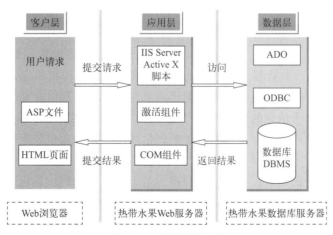

图 6-13　系统逻辑结构

（4）二维码在线生成

该系统二维码在线生成是在基于企业组织代码的热带水果追溯码基础上，通过二维码技术将字符串长度和容错率（ECC）显示编码模式，生成黑白两色二维图片显示出来。

6.2.4.2　某市蔬菜质量安全追溯系统的建立

（1）框架设计

结合某市无公害蔬菜管理的实际，分析无公害蔬菜生产、流通及销售过程中影响农产品质量的关键因素和控制点，综合运用计算机技术和电子信息技术，研究蔬菜包装标识、蔬菜安全生产管理、农事操作预警、追溯码打印、多平台溯源等关键技术问题，构建面向监管者的无公害蔬菜质量安全监管系统，面向生产基地操作者的便携式农事信息采集系统，面向生产者、管理者的无公害蔬菜安全生产管理系统，面向消费者的质量安全追溯系统。

为确保无公害蔬菜的质量安全追溯体系得以有效构建，需全面实现以下三大核心组件：包装标识系统、中央数据库平台以及信息追踪记录系统。首要核心组件为包装标识系统，其设计需兼顾经济性、易用性、对现有管理流程的兼容性、高信息保留率以及便捷的数据采集能力。具体而言，可通过部署含有加密二维条码的标签，针对小包装无公害蔬菜进行唯一标识，以此满足上述要求。其次，中央数据库平台作为第二核心组件，旨在解决传统纸质记录系统难以应对大规模流通与多环节复杂生产链的追溯挑战。为此，需构建基于云计算的监管中央数据库，该数据库不仅能为监管工作提供坚实的数据支撑，还能有效满足追溯需求，确保数据的全面性与实时性。最后，信息追踪记录系统构成了第三大核心组件。此系统需确保蔬菜在生产、加工、流通等各个环节的移动及其相关信息的精准记录，并与中央数据库实现无缝对接。实际操作中，可在生产基地部署便携式农事信息采集终端，用于实时记录各项农事操作信息；同时，在生产或加工企业内，通过实施无公害蔬菜安全生产管理系统，不仅记录包装信息并打印追溯码，还能直接录入农事操作信息，从而形成一个完整、可追溯的信息链条。平台架构见图 6-14。

（2）运行设计

基于用户角色的差异化需求，平台被精心划分为生产企业端、政府管理端及消费者端三大板块，各板块间运作紧密交织，协同作业。生产企业需首先在线上完成注册流程，随后，政府管理部门将对提交的注册信息进行详尽审核，并实地探访以验证其真实性。对于通过审核的企业，政府将分配专属的用户名与密码，使其能够下载专为无公害蔬菜安全生产设计的管理系统软件及便携式农事信息采集系统软件。在生产基地，工作人员可利用 PDA 或智能手机作为信息采集工具，实时记录农事活动的各项细节。这些宝贵的数据随后通过短信或 GPRS 技术被发送至生产企业端的管理系统。该系统与条码打印机相连，自动生成并打印含有加密追溯码的标签，这些标签被牢牢贴附于蔬菜包装之上；同时，相关数据也被上传至监管平台的数据库，确保了信息的完整性与可追溯性。消费者则拥有了多种便捷的追溯途径，无论是通过超市内的触摸屏、官方网站、手机短信还是直接扫描包装上的条码，都能轻松获取到企业的基本信息、生产基地详情、生产操作流程、质量检测报告等全方位信息。而政府管理部门，则凭借先进的监管设备，仅需扫描包装上的加密条码，即可迅速获取所有相关信息，实施精准而高效的监管工作，确保无公害蔬菜市场的规范与安全。

6.2.4.3　基于地理编码的生鲜蔬菜安全生产管理与溯源系统

应用地理编码技术将产地环境信息的空间位置与文本信息进行对应，完成产地环境相关

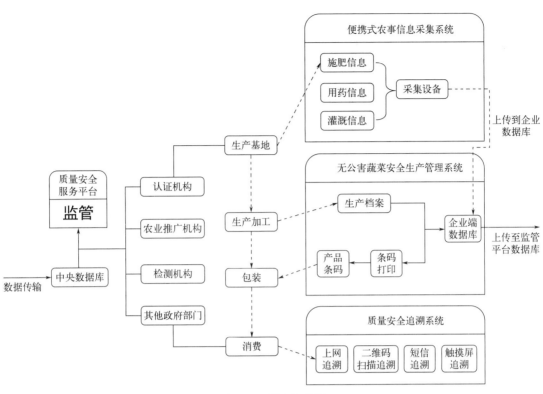

图 6-14　平台架构图

信息图形化与数字化表达。在此基础上，以产地地理编码为索引，结合生产过程信息，构建生鲜蔬菜安全生产管理与溯源系统。

（1）系统结构

以生鲜蔬菜产地地理编码为主线，辅助设计安全生产标准化档案登记规范，并将 WebGIS 技术、Flex 技术与条码标签技术等应用到生鲜蔬菜产地标识、安全生产和产品追溯环节，实现生鲜蔬菜安全档案规范登记、产品质量控制体系电子化和产品质量的安全溯源。体系结构见图 6-15。

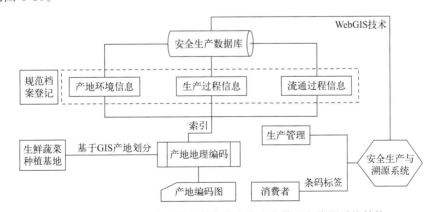

图 6-15　基于地理编码的生鲜蔬菜安全生产管理与溯源系统结构

（2）产地地理编码

将一定行政区域范围内具有一定生产规模的农业企业、专业合作社蔬菜生产基地（园区）确定为最小编码单元，结合中华人民共和国行政区划代码（以下简称区划码）进行产地编码与空间地址的对应。考虑到该区划码为行政村级别，一般单个行政村所辖的规模生产基地或园区不会超过 100 个（若某一个生产基地同时落在 2 个或多个行政村，先按行政村划分

图 6-16　产地地理编码结构

该基地后再进行编号）。预留今后扩展需要，以 3 位流水号（如 001、002）形式标识具体基地，则产地的地理编码为区划码＋基地编号（共 15 位，前 12 位代表某一行政村），如图 6-16。该方法引入全国统一的区划码，提高了编码的稳定性，并可生成产地分区地理编码图，同时在进行产品追溯时，通过产地地理编码可直接定位到生鲜蔬菜的生产基地。

（3）生鲜蔬菜生产档案设计

将类型相近的生鲜蔬菜的安全生产档案进行格式规范，统一登记内容。参考 GAP 规范要求，分别对蔬菜安全生产的产前、产中和产后情况及相关情形的档案信息进行设计，提出了一套生鲜蔬菜产品的生产档案记录规范表。从物资验收与入库、基地种植管理计划、投入品管理与使用、植保废弃物处理、采收运输与销售、产品召回与跟踪、人员培训与考核以及其他相关记录表等 8 个方面入手，共建立了 36 个档案记录表，如表 6-3。

表 6-3　生鲜蔬菜生产档案设计

类别	具体表名
物资验收与入库	种子验收入库登记、种子出库登记、农药验收入库登记、农药出库登记、肥料验收入库登记、肥料出库登记、其他物资入库登记、其他物资出库登记
基地种植管理计划	种植基地信息、年度种植计划、基地前处理.种子发放登记、种子使用记录、基地日常巡查
投入品管理与使用	农业投入品使用清单、农药领用登记、施药通知单、配药记录表、农药施用记录、除草剂施用记录、肥料施用记录
植保废弃物处理	器械防护服清洗、剩余植保产品与容器回收、植保废弃物处理
采收运输与销售	原料供方名录、基地原料标识、采收情况登记、原料运输记录、产品销售记录
产品召回与跟踪	产品召回评估、产品召回与跟踪
人员培训与考核	人员考核情况、人员培训计划
其他相关记录表	病虫害发生报告、肥料施用效果评价、工作人员药品急救箱

（4）基于 Flex 的 WebGIS 溯源

将 Flex 技术与 ArcGIS API、Web-Services 相结合，通过产地地理编码将空间数据和属性数据进行关联，完成产地甄别与相关生产信息网络共享发布，以图形化的形式展示蔬菜安全生产信息，实现产生质量安全问题的生鲜蔬菜的追根溯源，同时逐步实现农业生产的数字化管理。蔬菜经采收、分拣和捆绑后，将事先印刷好的产地地理编码追溯标签逐一贴附到捆绑好的蔬菜上，统一装车和运输。与此同时，基地生产管理员会将采收时间、数量、产品流向、运输信息和种植农户等相关信息进行登记，并同时记录统一的产地地理编码（即追溯标签）。消费者在进行产品溯源时，依据追溯标签在触摸屏或互联网上直接查询，即可获得该蔬菜产品来源于哪个基地。

6.2.4.4　基于 Web 的亚热带水果产品质量安全追溯系统关键技术研究

该系统是一个多层次多用户权限动态管理的亚热带水果生产加工全过程的质量跟踪与追

溯系统，以产品生产批次作为"身份标识"，采用 UCC/EAN-128 编码方式结合流程编码、RFID 和二维码等编码技术进行追溯编码，采用任务与角色相结合的权限分配策略。

（1）系统结构

系统采用基于 Web 的 N 层 B/S 体系结构，将系统分为用户界面层、业务逻辑层、数据访问层、数据存储层。用户界面层负责以电话、网络、手机短信、触摸屏等多种渠道为生产者、质检部门和消费者提供追溯防伪查询、认证监管、数据采集与注册管理等功能。业务逻辑层负责基于 NET 平台上的软硬件端口数据通信管理、业务逻辑计算等任务，其中软硬件端口数据通信管理主要包括 IC 卡读写器、GSM 短信接口、RFID 读写器、二维码读写器、触摸屏接口、标签及条码打印接口等数据上报和追溯码编写与查询管理；业务逻辑计算负责系统代码管理、统计分析、系统界面生成、数据转换、信息采集与管理等功能，此外还利用 IC 卡管理组件和 XML 数据转换组件实现同步更新中央数据库，利用流程编码技术将生产各环节与追溯有关的信息编码叠加生成产品追溯码。数据访问层主要是完成水果产品、企业信息、行业数据、生产标准及国家政策法规、图片视频多媒体数据、生产用品等数据分类组织，编写代码，使之条理化，该层是业务逻辑层高效运行的基础。数据存储层是把与水果产品生产、加工、销售流通有关的数据集中存储管理，通过数据转换组件可与业务逻辑层和数据访问层相联系。

其功能模块及系统框架见图 6-17 和图 6-18。

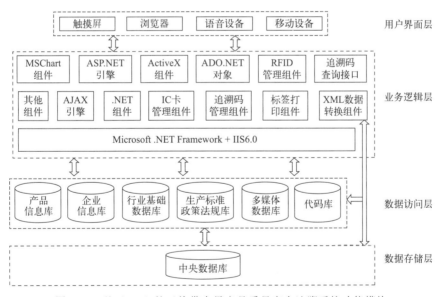

图 6-17　基于 Web 的亚热带水果产品质量安全追溯系统功能模块

（2）数据库设计

该系统数据主要分为水果种植和田园管理阶段的信息，水果采摘、产品加工与封罐杀菌入库的信息，与水果相关农业政策法规和生产标准方面的信息，库存管理和销售物流方面的信息，企业管理信息等 5 类。以水果种植阶段的信息、水果产品加工与封罐杀菌入库等方面的信息构建了水果基础数据库，并对人员及其企业基本信息资料、果园地块划分、投入品供应商和产品销售及物流单位的基本信息、生产批次标识信息、条形码、RFID 等进行代码化设计，便于种植户、管理人员及企业各部门人员进行数据采集，简化数据输入并保证数据一

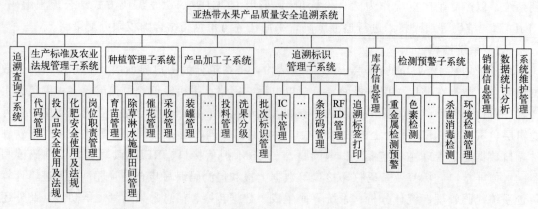

图 6-18   基于 Web 的亚热带水果产品质量安全追溯系统框架

致性和准确性，减少数据冗余。还建立了水果种植、生产管理中涉及的农业政策法规和生产标准方面的信息库，存放如违禁农药、催花剂浓度、化肥施用量、糖水投入量、细菌含量、农残检验标准、重金属参数、违禁色素等信息，协助质检管理人员对水果的生产管理各环节进行实时监控。为产品追踪追溯提供数据基础，还辅助企事业有关人员进行统计分析和销售预测。系统中涉及的数据对象有表、视图、存储过程等，其数据表清单如表 6-4。

表 6-4   基于 Web 的亚热带水果产品质量安全追溯系统的数据表清单

P_User	用户表，由 user_ID、user_Name、User_Passed、Login_IP、URole_ID 等组成
E1000_GroundClass	地块类别表，由 GClass_ID、GClass_Name、GClass_Remark 等组成
E1000_InvestLog	投入品记录表，由 ILog_ID、ILog_Time、Inv_ID、ILog_UseTime 等组成
E1000_ProductionProcess	生产流程配置表，由 PP_ID、PP_Name、PP_TblName、PP_ParentID 等组成
E1000_CheckLog	检测记录表，由 CLog_ID、CLog_Time、CLog_SerialID、CLog_Subject 等组成
ASC_FieldDesign	用户个性化定制表，由 ID、TblName、FldName、DataType、IsPrimaryKey 等组成
ASC_TraceInfoNote	追溯信息项目表，由 ID、Domain ID、DisplayType、Title 等组成
……	……
USP_ASC_Oth_CreateDDictTable	创建数据字典配置表（EID_CreateDDictTable）的存储过程
……	……
USP_ASC_Oth_CreateBarcode	生成递增条形码的存储过程

（3）水果产品个体追溯编码设计

系统以产品批次作为"身份标识"，即把品种、地块、收获时间与生产加工流程都相同的作为一批，采用 UCC/EAN-128 编码方式结合流程编码、RFID 和二维码等编码技术，将水果种植、产品加工、流通销售等环节中影响水果产品质量的关键信息都进行了编码。具体的编码思想如下：①以水果产品溯源关键点信息为基础，以同一批次生产的产品作为其"身份"，采用 UCC/EAN-128 条形码标签作为信息载体，详尽标识产品个体各个生产环节的信息。②在种植阶段，对地块、种植者、农药等投入品进行编码，并为每位种植者发放一个 IC 卡，每张 IC 卡唯一对应一位种植者及其管理的地块，每次采摘时由各地块负责人将种植阶段数据打包上传至中央数据库并形成纸质文档，采摘后按采收日期、地块号和采收顺序组合成批次号进行编码，在随后产品加工、产品销售阶段中各关键控制点衔接转换时，均在前一生产环节编码的基础上，将本环节涉及的追溯信息编码叠加到上一环节同批次产品编码中，以便追溯信息在整个产品生产销售链上传递下去。

水果条形码编码构成包括：指示符（6）＋企业编码＋打印点（2）＋产品编码＋（10）＋产品批号＋校验码。产品批号为企业内部自行编制的，其包含以下信息：生产日期＋产品连续编码＋产品规格＋装箱＋产地编号＋地块编号。若水果罐头包含的信息为：2009年6月20日生产的第10批次的菠萝罐头，加工包装号为0078，规格为112，产地为021的05号地。按照上面的编码规则，该水果罐头对应的追溯码为：0164212213100906200078112002105 3。各位码所代表含义如表6-5所示。

表 6-5　基于 EAN/UCC 的水果罐头编码

应用标识	指示符	企业编码	条形码打印点	产品编码	批号标识符	生产日期	产品连续编码	产品规格	装箱	产地编号	地块编号	校验码
01	6	4212	2	13	10	090620	0078	112	0	021	05	3

（4）基于任务-角色控制的权限分配策略

采用任务与角色相结合的权限控制分配技术，即将访问权限分配给任务，再将任务分配给角色，把主动与被动访问相结合，能满足企业复杂环境及不同层次用户需求，实现权限的按需和动态分配管理，以任务为中介也便于管理员对角色权限的更新管理，掌控角色所执行的任务和客体之间的相关信息。

6.2.4.5　蔬菜水果追溯系统（"Trace-navi"）（ISO/DIS 22005）

（1）发起者与建设者

日本 EDI 蔬果协会。

（2）参与者

生产企业、生产协会、批发商、零售商、经纪商。

（3）系统说明

整个系统由生产历史子系统、销售历史子系统和零售商管理子系统组成，相互独立。信息通过 IC 卡和网络传输，生产商、分销商和零售商可独立使用。该溯源系统可用作生产管理系统，具有很强的灵活性、先进性和可拓展性。灵活性表现在系统能适用各种不同的蔬果运输和购买方式、不同生产供应过程；先进性表现在应用先进的 IT 技术，如条码、IC 卡、网络、PDA、手机等；可拓展性表现在该系统可拓展应用于其他食品，尤其是加工食品中，且可以与现有质量管理系统相容。

（4）信息查询途径

① IC 卡传递信息；②手机；③网络。

（5）可查询单元

① 生产阶段：水果大包装、分类单位、时间、组。

② 分销阶段：大包装。

③ 零售阶段：袋装等。

（6）记录数据

① 生产历史子系统：记录企业信息、蔬果信息、生产标准信息、生产流程。

② 销售历史子系统：记录厂商信息、运输信息、卡车信息、批发信息和零售信息。厂

商信息包括厂商名称、产品名称、分类和品质、厂商网址和地址。运输信息包括厂商、产品、运输站、到达时间、运输时间、检验时间、货存量、终点信息、运输数量、地址等。卡车信息包括司机名字、卡车编码、出发时间、目的地信息。批发信息包括厂商、产品、运输站、到达时间、运输时间、检验时间、卡车编码、货存量、批发地名称等。零售信息包括厂商、产品、运输站、到达时间、运输时间、检验时间、货存量、终点信息、运输数量、地址等。

③ 零售商管理子系统：记录厂商、蔬果、生产历史、分销途径、接收信息等。

（7）产品流与信息流

生产者记录生产历史，记录蔬菜、水果信息，并通过 IC 卡把信息转移到货物收集站的终端。在货物收集站，检查核实生产者提供的信息，然后运输到批发市场。此时根据货物到达时间、货物种类等因素排定新的标识，再根据运输目的地分离蔬菜和水果。运输司机通过 IC 卡把蔬菜、水果信息传给批发市场。同样的质量检测后，货物通过同样的方式运输到零售市场。零售商检测货物后，贴上条码，进行出售。消费者可通过输入条形码在信息显示屏上阅读得到蔬菜和水果运输、生产及其他信息，同时可从互联网查询相关信息。

（8）工作步骤

1）蔬果生产者

安装：系统研发者进行系统安装、调试及对蔬果生产者进行培训。

运行：蔬果生产者记录信息，向货物收集站传送信息。

2）货物收集站

安装：系统研发者进行系统安装、调试及培训。

运行：管理者进行货物注册、签署 IC 卡、检测货物。运输者注册数据，传送数据。

3）批发市场

安装：系统研发者进行系统安装、调试及培训。

运行：检测货物、信息接收和运输货物到零售市场。

4）零售市场

安装：系统研发者进行系统安装、调试及培训。

运行：检测货物、信息接收和条码打印、销售。

5）消费者

在零售市场阅读信息、在互联网上查询信息。

6.2.5 生鲜动物食品全程溯源系统案例

6.2.5.1 工厂化猪肉安全生产溯源数字系统

应用动物个体标识、二维条码、RFID 射频电子标识和一维条码标签技术，将网络技术和数据库技术与传统的养猪业和屠宰加工业结合，构建一种适合中国国情的肉用猪和猪肉安全质量监控的可追溯系统。该系统已在南京天环集团实现系统组成。

（1）系统构成

工厂化猪肉安全生产溯源数字化系统包括猪肉个体标识、中央数据库和信息传递系统及肉用猪流动登记 3 个基本要素。它由生猪养殖、屠宰加工和猪肉销售 3 个模块组成（图 6-19）。

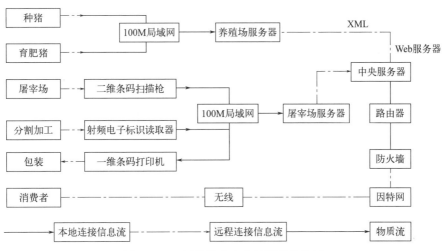

图 6-19　工厂化猪肉安全追溯系统构架

（2）个体标识

根据 2002 年农业部《动物免疫标识管理办法》和中国国情，在保留原塑料耳标中数字编码的基础上，增加了与数字编码一致的二维条形码，并采用猪个体标识打耳标法。此方法与原塑料耳标相比，提高了耳标的自动识别水平。

（3）数据集成技术

经过生猪放血、去头、剥皮、劈半、冷库预冷，直到超市销售等一系列的生产加工流通环节，原先的一头完整的生猪早已大卸八块，如何跟踪标识信息，并与胴体形成一个信息链路是一个重要技术关键。工厂化猪肉安全生产溯源数字系统的集成，为动物个体标识、条形码、RFID 射频电子标识、数据库和网络应用等技术提供一个支撑环境。系统分布于猪肉生产的全过程，承担信息的收集、显示、存储、转换和传递等功能。通过在数据级别上综合和集成，将各子系统紧密连接，统一在应用框架上按生产需要连接、配置和整合。

工厂化猪肉安全生产溯源数字系统采用传统的客户机/服务器架构与当前流行的基于 Web 的浏览器/服务器模式相结合的混合方式实现。只有当出售生猪或销售猪肉时，才通过 Web 服务器，将档案信息上传到网络服务器。销售信息直接实现网络管理，便于用户实时查询和监督。

（4）系统运行

工厂化猪肉安全生产溯源数字系统已在南京天环集团有限公司顶山养猪场、屠宰加工厂和畜产品销售点实现，系统运行正常。

6.2.5.2　基于射频识别技术的猪肉质量安全溯源系统设计

（1）猪肉安全溯源系统的信息采集

1）生猪采购信息的采集

生猪一般是由屠宰厂向具有检疫证等相关证明的养殖场或生猪养殖散户进行购买。一般情况下，刚采购的生猪在屠宰前会再养一两天，方便统一对其进行屠宰前的管理，做好检疫工作。养殖户的信息管理包括大型养殖场、养殖散户等，记录其养殖户的类别、联系人姓名、养殖场地、养殖数量、手机号码及地址等信息。养殖户的信息属于基本信息，不会经常有变化。在采购前需查看供货商是否具有相应的证件。采购信息需要记录好生猪种类及价格、采购者、采购时间、养殖者、养殖过程和健康情况等。对于不同的采购会有不同的采购信息，所以采购信息的录入由系统设置相应的采购管理功能进行。生猪查询码信息可以通过读取电子耳标里的溯源码获取，溯源码记录了生猪一生的所有信息。

2）生猪屠宰信息的采集

屠宰信息需要记录屠宰时间、内脏处理、割头和割尾等信息。首先要记录好生猪的屠宰时间，可以参考生猪套脚时的时间。在生猪屠宰的流水线上，每个环节的工作台都要安装RFID读卡器，有些环节还要安装RFID读写器与二维码扫描枪等。在生猪屠宰时会先用RFID读卡器读取耳标里的生猪追溯码，再把读取到的信息发送到电脑系统里，系统会记录好相应的信息。RFID标签在生猪上轨道后需替换，轨道的单钩也要换成双钩。利用RFID读卡器把生猪追溯码的信息发送到系统中，系统会将溯源信息同步到读写器和双钩中，由流水线提升到上轨道，继续屠宰。将生猪的内脏放在含有RFID标签的盘中，生猪追溯码的同步过程与上轨道环节相同。检验内脏需利用RFID读卡器，把生猪追溯码传输给系统，操作者则需确认检验结果是否合格，将检验结果同步至系统和追溯码中。最后，将生猪割头割尾后，利用二维码扫描枪扫描猪头猪尾的产品追溯码，与生猪追溯码一同关联在系统上，完成后该时间则为产品的生产时间。

3）生猪分割加工信息采集

在分割加工过程中使用的低频RFID技术较少受到金属的干扰屏蔽，抗金属影响能力较强。除了作为白条肉上市的产品外，还要对猪体进行分割加工，通常将一头猪分割加工，最终可以变成200多种不同的猪肉产品。生猪被屠宰分割后，作为识别肉质来源的基础，将会对猪的各个体位部分分别采取不同的标记方式，再将各个部位的身份识别代码输入。此时电子标签按原生猪的耳标及按屠宰分割的批次顺序分类管理，登记管理人员可在检验合格后进行检验。同时，分割人员的编号应与原生猪的识别身份序列号一起传递，作为未来确定猪肉有关责任的依据。

4）肉品流通信息采集

在肉品的流通阶段，主要记录的是产品流通信息，是在对可批量、迅速识别的产品进行定位的基础上进行的。猪肉产品可按介质分为二维条码介质和RFID标签介质两类，这是根据其携带不同的产品溯源码所划分。对于二维条码介质，由于其属于接触感应的性质，不适合在快速、流畅的情况下进行识别。所以在肉品流通信息采集环节，只定位带有RFID标签的猪肉产品，主要是白猪肉片。因此，需要安装RFID读卡器在较为重要的位置点，如在分割操作台、厂房出口安装RFID感应器。系统在通过产品时，会自动检测并读取RFID标签上的产品可追溯码，记录经过的时间和地点，生成产品流程信息。

（2）猪肉安全溯源系统的信息采集系统的设计

猪肉安全溯源系统的信息采集系统采用"无线"和"有线"结合的组网方式。因为在生产过程中要安装大批读卡器，如果使用有线的则会增加布线难度，还可能会有安全隐患，所以采用无线通信的方式。无线收发器与服务器相隔略远，则采用有线的方式。通过分析后发现，通常要用到二维码扫描端，就要有RFID的相关设备，如RFID读卡器与读写器。为减少成本，简化操作步骤，可以使用移动手持终端，它有与RFID相关设备一样的扫描和读卡功能，使用起来也更加方便灵活。利用无线收发器的无线网络，手持终端可以采用无线形式。通过无线收发器与采集端的读卡器、手持终端等，实现数据的互通。

（3）猪肉安全溯源管理系统设计

1）系统结构

使用该系统的用户具有区域性，特别是在可追溯性查询中，该系统面对所有人员，包括消费者、生产商和监管机构。这些群体的分布区域可能不同，因此在设计系统时应考虑群体的特点。最重要的数据库和服务管理程序应由相关政府部门维护和管理，以保护信息的安全性和可靠性。

该系统主要着眼于快速的开发速度，所以使用的技术较为简单。①系统使用网络架构技术为主，数据开发技术为辅，可以快速构建系统的框架。②采用 SQL Server 数据库，操作界面简单，与网络平台连通性强。③利用 Web 服务接口技术实现应用系统之间的跨平台信息交互。系统网络结构设计如图 6-20，软件总体结构如图 6-21。

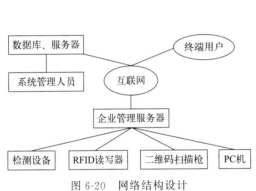

图 6-20 网络结构设计   图 6-21 软件总体结构

2）数据库设计

系统数据主要来源于生猪采购、屠宰、分割加工和肉品流通等环节中通过 RFID 技术采集的信息。生猪采购环节数据，主要有养殖户信息、猪生长信息、饲养信息、防疫信息及使用兽药情况等基本信息。屠宰环节数据，主要有屠宰企业信息、猪检疫信息、检疫员信息等。分割加工数据，主要有分割加工企业信息、加工过程信息等。肉品流通环节数据，主要有运输企业信息、仓储企业信息、复检信息、销售信息等。这些数据根据服务主体及他们的不同需求进行筛选与整编，分为溯源查询数据总库系统、企业生产数据子库系统、质量监管数据子库系统，采用 SQL Server 数据库进行数据的储存。

溯源查询数据总库包括生猪信息表、检疫信息表、企业信息表、物流信息表等，为企业生产数据子库和质量监管数据子库提供数据支持。数据库整体结构设计如图 6-22 所示。

6.2.5.3 基于有源 RFID 的猪场溯源管理系统

该系统采用面向对象编程技术、SQL Server 2005 数据库技术、动物射频编码技术和有源 RFID 标识技术进行设计开发，实现对猪个体基本信息、饲料使用信息、兽药使用信息和免疫信息的真实记录，有源 RFID 标签中保存的核心养殖信息上传到猪肉安全溯源系统数据管理中心，并通过标签携带至下一个环节。

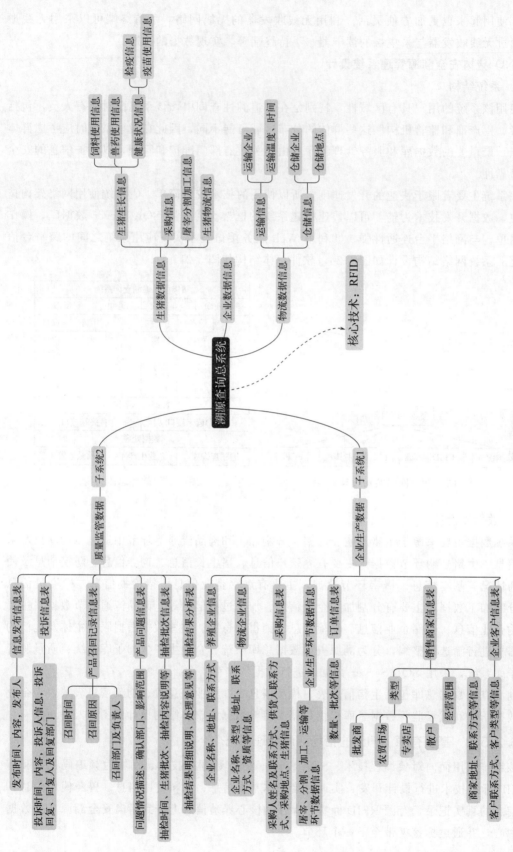

图 6-22 数据库整体结构设计

（1）系统构架

基于 RFID 猪场管理系统构架见图 6-23。

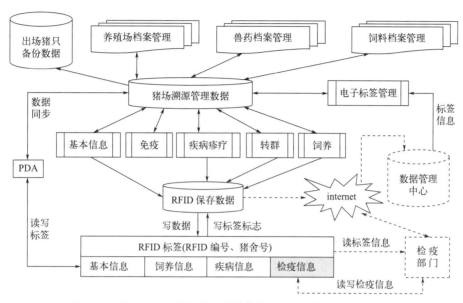

图 6-23　基于 RFID 猪场管理系统构架（RFID 为有源电子标签）

（2）个体标识

系统根据国标 GB/T 20563—2006 和 ISO 动物射频识别代码结构的规定，采用 64 位二进制对猪个体进行全球唯一耳标标识编码，存储在数据库时根据二进制位表示的含义不同又转化成 23 位的十进制编码。第 23 位：标签类别，取值范围为 0 或 1；1 表示动物标签，0 表示非动物标签。第 22 位：标签重置计数，取值范围为 0~7。第 21~20 位：畜禽种类，取值范围为 00~31，猪的代码是 01。第 19~18 位：省市代码，取值范围为 00~63。第 17 位：链接标志，取值范围为 0 或 1。第 16~13 位：国家（地区）代码，取值范围为 0000 ~ 1023，中国的代码是 0156。第 12~1 位：猪只编码，取值范围为 000000000000~274877906943。

（3）电子标签管理

电子标签管理功能包括标签进场管理和失效标签管理。标签进场管理功能实现 RFID 号、猪耳标号和猪舍号的链接。当有源 RFID 耳标从数据中心购入猪场时，首先把 RFID 标签佩戴到猪只上，其次在电子标签管理模块把 RFID 编号、耳标上的标签编号与猪舍的编号对应起来，把猪舍编号写到标签中。失效标签管理功能是实现当 RFID 耳标损坏和失效，使用新的 RFID 标签替换时原标签的信息与新标签信息的对接。

（4）猪只基本信息管理

猪只基本信息管理功能主要实现猪只品种、性别、免疫编号和出生日期等信息的管理。每添加一条新的猪只基本信息，该条记录中的品种、性别、免疫代码、猪场编号、批次、出生日期、出场日期和出场去向 8 种信息将被复制写入有源 RFID 标签中。如果猪只基本信息被修改，则会检查与写入标签中的信息是否一致，如果不一致则将最新修改的内容再次写入 RFID 标签中，RFID 标签中保存的总是最新的猪只基本信息。

（5）转群信息管理

转群信息管理功能实现猪只转群时新旧猪舍号的记录和转群应激时的用药情况。每次转群都要把新的猪舍号写入 RFID 标签中，替换原有的猪舍号。

（6）饲养信息管理

饲养信息管理功能可按猪只或猪舍每日饲养信息，包括饲料的使用情况、猪只的增重等情况进行添加和编辑操作。当每次使用的饲料发生变更时，均会把变更后的饲料名称、饲料开始使用日期、饲料中的药物添加剂名称记录到 RFID 标签中，替换原有的饲料使用信息。

（7）其他信息管理

以猪个体标识编码为关键字段，记录疾病信息、免疫信息、兽药使用信息等。

（8）猪只出场管理

猪只出场管理功能用来管理猪只个体出场时对在场期间的所有信息的备份，备份的数据按 2006 年颁布的《畜牧法》规定保存 3 年。该模块同时负责将猪个体养殖期间所有记载在 RFID 标签中的数据上传到数据中心。

6.2.5.4　基于物联网及 DNA 识别技术的牛肉溯源系统的研究

在物联网溯源系统中，将生物技术和现代信息技术相结合，对食品的生产、加工、运输、销售等过程加以识别、追踪，锁定食品在每个环节中的实时信息，避免食品出现问题时，不能明确追责和管理混乱的局面产生。鉴于物联网食品溯源系统的诸多优点，设计了基于物联网及 DNA 识别技术的牛肉溯源系统，监管部门利用该系统对牛肉的生产、加工、运输、销售等环节进行管理和规范，从源头和细节上防范食品安全问题的出现。

（1）牛肉产业链结构

在我国，牛肉产业链工序繁琐、检疫部门多重、产品品种多样、销售渠道广泛，一般要经过育种养殖、屠宰加工、批发零售等环节，因此，在复杂环境下完成肉牛的 DNA 采集与编码设计、数据传输、物流追踪等环节是物联网牛肉溯源系统实现的关键。

产业链结构如图 6-24 所示，它主要由育种、养殖、屠宰、加工、销售等环节组成。根据市场需求选择优良品种是科学养殖的第一步，也是企业创造价值的关键，所以育种信息也是溯源的要求之一。在后续的养殖过程中，要把肉牛不同生长阶段的基本体征、喂养的饲料、注射的疫苗、检疫等基本信息上传中央服务器。当牛育肥之后，就要送到屠宰场宰杀，然后送到肉类加工厂加工包装。在加工阶段，监管部门需要做好牛肉的质量检疫，严格按照食品安全法规规范整条产业链。检疫合格后进行包装，根据市场二维码或 RFID 的制作协议，制作二维码或 RFID 电子标签，贴在包装好的产品上，直至销售送到消费者手中。制作的二维码或 RFID 电子标签嵌入了牛的 DNA 编码信息，它将作为区分牛身份的唯一验证，也是能否精确溯源的关键。

（2）物联网牛肉溯源系统的结构

牛肉安全溯源系统能自动识别肉牛个体及其关联信息，食品监管部门利用它监控和记录养殖、加工、包装、检疫、运输等关键环节的信息，并把这些信息通过互联网在电脑、手机上呈现给消费者。

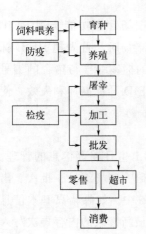

图 6-24　牛肉产业链结构

牛肉产业链溯源系统结构如图 6-25 所示。溯源系统的主要环节包括养殖、屠宰加工、运输、销售四个环节。在牛的养殖过程中，养殖户需要把每头牛的 DNA 编码、产地、品种、体重、防疫措施、饲料供应等各种基本信息上传中央服务器。加工过程也需要把牛的加工措施、检疫结果、各分割肉块与所属肉牛的关联关系等信息上传到中央服务器。在运输过程中，物流信息通过扫描车载 RFID 电子标签，把物流信息通过物流服务器上传中央服务器。产品包装时，把每块牛肉所属肉牛 DNA 编码嵌入到二维码或电子标签中，并通过打印机打印出来，贴在包装上，消费者扫描二维码或者电子标签就可以访问中央服务器，了解购买的分割肉块所属的肉牛个体信息。

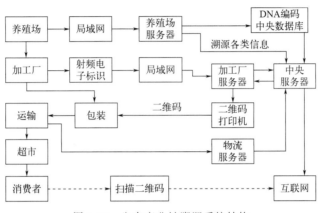

图 6-25　牛肉产业链溯源系统结构

（3）　DNA 识别技术在牛肉溯源系统中的应用

每头牛都有独一无二的 DNA 排序，将动物 DNA 识别技术引入到牛肉溯源系统中，用牛的 DNA 编码信息代替传统的耳标编码来识别牛的个体身份，从而构造了一个新的肉牛身份识别模块。DNA 测序技术又称基因测序技术，即测定 DNA 分子中胸腺嘧啶（T）、腺嘌呤（A）、鸟嘌呤（G）与胞嘧啶（C）这些碱基的排列方式。碱基对之间因为有氢键作用，其配对方式必须遵循碱基互补配对原则。

DNA 密码以一系列三联体形式存在于 DNA 分子中，DNA 分子中相邻排列的三个碱基就形成一个三联体密码，一系列三联体密码构成 DNA 密码。DNA 三联体密码如图 6-26 所示。提取 DNA 的目的在于从动物细胞 DNA 中测出碱基对排列顺序，得出一系列 DNA 三联体密码，这样就可以通过 DNA 编码的互异性来识别不同个体。

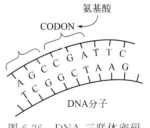

图 6-26　DNA 三联体密码

图 6-27 是 DNA 识别技术在牛肉溯源系统中的应用。在养殖阶段，采集肉牛的 DNA 并将其处理，得到 DNA 三联体密码，然后将提取的一系列 DNA 三联体密码做特征信息处理，得到 DNA 编码，并将 DNA 编码上传数据库注册，同时把 DNA 编码与中央服务器里每头肉牛的养殖、屠宰、加工、包装、配送等环节的相关信息进行关联，并制作成二维码或者电子标签，贴在产品包装上。当肉类食品出现安全问题时，可以扫描牛肉产品包装上嵌有 DNA 编码的二维码或电子标签，直接访问 DNA 编码中央数据库，找到发生食品安全问题的肉牛个体，然后与中央服务器的

溯源信息衔接，此举可以通过 DNA 编码中央数据库和中央服务器快速查找到安全问题产生的环节，节约了大量时间。

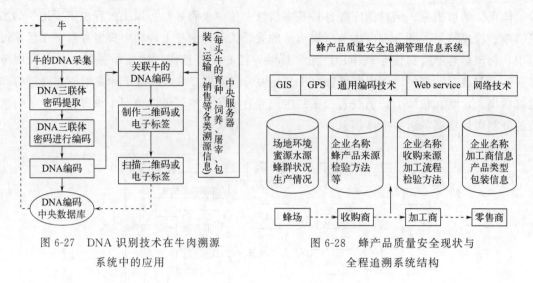

图 6-27　DNA 识别技术在牛肉溯源
系统中的应用

图 6-28　蜂产品质量安全现状与
全程追溯系统结构

6.2.5.5　蜂产品质量安全现状与全程追溯系统

分析了中国蜂产品存在的问题，运用网络技术、地理信息系统（GIS）、全球定位系统（GPS）、国际通用编码技术等构建蜂产品全程追溯管理信息系统，该系统可实现正向跟踪和反向追溯，将有力保障中国蜂产品的质量水平，提高蜂产品在国际市场的竞争力。

（1）系统结构

蜂产品全程追溯管理信息系统以追溯码为信息传递工具，应用 GIS 和 GPS 数据采集技术、编码技术等先进信息技术，进行数据收集、分析、存储和转换，跟踪并记录蜂产品从蜂场到加工场、包装场，再到零售商的整个过程或供应链体系中某产品及产品特性，从而实现包括正向和反向追溯的蜂产品质量安全全程控制。系统采用多层分布式体系结构（图 6-28），分为用户界面层、关键技术层、数据库层和数据维护层 4 个层次。

（2）数据采集技术

在信息采集时，考虑到蜂产品生产者分散的特点，信息采集设备选择 PDA 或手持 PC，并配带便携式 ZEBRA QL220 条码打印机。现场采集的数据只包括蜂场、产地、蜜源种类和数量、批次等简单信息，系统将根据这些信息生成条码，可以现场打印。数据采集系统还包括网络和充分利用中国各地信息资源，收集与农作物分布、蜜源种类以及植被、行政区域、社会经济等有关的地面数据，建立蜜源资源数据库，通过可视化软件 Teechart 的二次开发实现可视化图形操作界面。应用 GPS 全球定位技术可以准确获取蜂农或蜂场所在位置的地理经纬度，对蜂产品来源进行精确定位，减少用户操作的同时可以杜绝弄虚作假现象。

（3）追溯编码方案

采用 UCC/EAN-128 国际编码体系编码作为蜂产品标识。将同一时间封装到同一蜜桶的蜂蜜作为一个标识单元，条码由蜂场代码、产品批号、蜜源种类、生产日期组成。蜂场代码由 7 位数字组成，包括蜂场所在县级 4 位的邮政编码＋蜂场的 3 位编号，蜂场的编号由该省主管部门制定。产品批号由 4 位数字组成，包括 2 位年份和 2 位产品批号，表示产品当年的产品批号。蜜源种类由 2 位数字组成，表示是何种原料，例如蜜源种类 22，表示原料是油菜蜜。生产日期由 6 位数字组成，表示方式为 YYMMDD。

每个生产环节都有各自的产品特性码和追溯码，这是蜂产品追溯的链条和依据。

（4）数据库设计

数据库包括：蜂农信息数据库，包括蜂场名称与规模、蜜蜂品种、蜂场地点与流向、饲料供应、兽药使用、休药期与生产期管理、产品生产和贮存器具等；蜂产品产地信息数据库，包括地形、地貌、水分、土壤、大气、气候等地学数据，以及主要农作物和蜜粉源植物（包括转基因植物）的生产、用药等过程以及蜜粉源流蜜规律和状况；蜂产品加工企业数据库，包括企业的地理分布情况、主要产品、加工能力、管理能力、产品安全、原料来源与处理情况及企业其它基本数据；蜂产品市场信息数据库，包括蜂产品在全国各地以及进出口中的交易种类、数量、时间、质量、价格产地、来源、供求信息、交易信息等数据。

（5）蜂产品流通各环节信息管理

系统选择蜂产品主要流通环节蜂场、收购商、加工商和零售商四个产品质量控制点。各个控制点除了做好蜂产品质量的检验工作外，还要对产品来源、去向及在本控制点的流程进行详细记录，并通过 PDA 移动设备或系统客户端输入信息传递到网络服务器。

（6）蜂产品流通跟踪和监测

该系统是基于地理信息系统（GIS）和全球定位系统（GPS）的蜂产品信息管理平台，GPS 主要用来实时采集、定位目标点的地理坐标，可以为 GIS 高精度快速地采集数据源；GIS 在计算机软硬件技术的支持下存储、分析、处理、输出空间地理信息，也可以管理和应用由 GPS 获取的坐标位置数据。基于 GIS 和 GPS 的蜂产品全程质量追溯管理信息系统实现了蜜源、蜜蜂迁移、产品形成的空间信息管理、查询、分析与可视化表达，可以对蜂产品包装、储存、运输、加工、销售等产后过程的质量安全进行有效监控。

6.2.5.6　中华鳖食品安全溯源管理系统初步研究

该系统是在对食品安全溯源系统的分析，借鉴国内外其它食品生产溯源系统先进模式，以及充分掌握中华鳖养殖特点的基础上建立的中华鳖养殖全程可追溯模拟系统。它将为实现水产养殖生产、用药和销售的网络管理，方便政府部门对养殖企业进行全程、远程质量安全监控，以及及时追踪、追溯问题产品的源头及流向提供便捷的操作工具。

（1）系统构架

本系统以中华鳖池塘养殖为研究模型，依据生产实际设计数据库模板，贴近生产，贴近养殖户，贴近企业，模拟生产情况进行流程分析和控制行为，构造出模块化、可重用的系统，形成 MySQL 数据库所支持的数据模型构建系统。

（2）编码设计

设计中华鳖的 QR Code 二维条形码，消费者可以通过终端机器的阅读，查阅所买商品鳖的养殖信息。二维条形码提供如下信息：生产商为平阳县喜特甲鱼养殖专业合作社；商品名为无公害甲鱼；规格为 970g/只；单价为 200 元/kg；地址为昆阳镇石塘办事处占下基地 11 号池塘；起捕时间为 2009 年 12 月 18 日。

（3）信息记录

基础信息记录：在这一模块中要求养殖户登记记录养殖初始放养中华鳖的基础信息和养殖池的基础信息，为产品的溯源和养殖的管理保留原始数据，它可以在中华鳖发生疾病时有据可循，捕获时便于核对统计。这些基础信息包括了池号、养殖池面积、放养鳖的种类（成鳖或幼鳖）、苗种来源、平均规格、数量、放养时间和记录人等。

养殖过程记录：按照实际的养殖状况，要求养殖户将养殖行为记录在养殖记录模块，这一模块主要记录内容包括记录日期、池号、平均规格、水温、饲料种类、饲料来源、饲料重量、溶解氧含量、pH 值、氨氮浓度、状态等。

用药行为记录：用药记录模块要求记录用药日期、池号、病害情况、治疗情况、处方人、施药人、记录人等信息。实行动物及动物产品标识与信息用药记录的可追溯管理是有效解决动物卫生与动物产品安全问题的重要措施。

销售行为记录：销售记录模块要求尽可能详细地记录销售行为，这将有利于问题鳖的召回、安全事故的原因分析和责任认定。记录内容包括销售日期、池号、出售数量、平均规格、购买者的姓名电话地址、记录人。

（4）系统特点

系统的开放性、安全性：本系统是一个基于 B/S（Browser/Server）构架的系统，随时随地允许使用养殖系统。由于采用了大型数据库系统 MySQL，前台输入数据后，传递给后台数据库，并保存在数据库内。本系统编写了导出到 Excel、Word、XML、CSV 格式，具有较好的兼容性，保证数据的安全与完整性。

重点水产养殖管理：根据生产过程的各个阶段标识池塘状态，将池塘状态分成清塘中、养殖中、消毒中、销售中、冬眠中等 5 个阶段，设计时充分考虑各阶段之间的先后性和制约性，并根据当前池塘状态系统自行检测各阶段添加数据的合法性。

6.2.5.7　牡蛎追溯系统

开发者：日本食品市场研究与信息中心。

参与者：两个生产商——Shizugawa 渔业合作社、Miyagi 渔业合作社地方联盟。两个零售商——Suzuko 渔业和 Miyagi 合作社协会。

食品对象：牡蛎（鲜或脱壳）。

系统概括和特征：

（1）提供消费者信息方法

运输单、包装单和互联网。

（2）批次

运输箱：10kg 恒重，目的地为加工商，标识运输时间和脱壳时间。

加工批次：从运输商获得货物后投入生产线，对某一产地同一天到来的原料生产的产品进行批次标识。

消费者包装：可查询生产批次。

（3）记录信息

渔业合作社：运输箱 ID、生产者名称、重量、来源水域、脱壳地点、脱壳时间、包装商名称、卫生检测结果。

包装商：对每一个运输箱，加工批次、加工批号设置时间。对每一个生产批次，包装商名称、加工批次、加工批号设置时间。对每一个消费者包装，加工批次、加工批号设置时间、消费者包装 ID、物品名称、包装重量、盐水浓度、包装数、目的地及各目的地包装数。

合作社联盟：记录重量一致性的监测结果。

6.3　加工食品全程溯源系统的建立及应用

6.3.1　加工食品全程溯源系统的特点及编码思路

加工食品没有明确的定义，但可归纳为"加工食品是指食品原料经过初加工、深加工过程所获得的食品"。其特点是食品深加工。由于加工食品经过的深加工过程较为复杂，多数情况下为批次加工，因此在加工环节信息提取较大，需要建立的溯源系统较为复杂，追溯的轨迹较粗。

加工食品链一般来讲比生鲜食品链多一个环节，就是深加工环节。正因为增加了深加工环节，由于深加工过程较为复杂，形成了其溯源系统的特殊性。在深加工环节，最小的可记录单元是批次，且涉及若干种原料，包括主原料、辅料、佐料、助剂、添加剂等，每一种原料可能来源于一个基地或不同的基地，按这种方式进行追溯，其系统太过庞大，追溯难于实现。即使能够实现，一个最终包装的食品，可能来源于太多的基地或区域、涉及的责任者太多，追溯的结果是模糊的，这种溯源就失去了意义。所以加工食品追溯系统的建立应设立其前提条件：其一，以加工食品的少数几种原料作为主线，追溯其来源过程，其它原料仅仅提供来源及安全信息；其二，某一批次加工食品的原料来源于某一个基地。

在追溯过程中，环节之间的链接是依赖于编码设计。如同生鲜食品编码一样，根据最小可记录单元的组成进行编码，一个最小可记录单元为一个编码。在加工食品溯源中，不同的环节，其最大可记录单元不同。最小可记录单元为最终产品包装，最大可记录单元是一个基地，但一般来讲不是一个基地，中间的可记录单元是一个批次。三者之间没有纯粹的包含与被包含的关系。一个批次包含若干个终产品包装，且包含若干个基地。所以编码的顺序不是纯粹的正向和反向关系。

6.3.2　动物加工食品溯源系统构架

（1）系统构架

动物加工食品溯源信息系统操作层构架见图 6-29。

（2）生产基本流程及可记录单元

养殖→屠宰→分割→加工→运输→销售六个主要环节。其可追溯单元如图 6-30。

Dupuy 等（2005）设计了香肠的基本流程如下：在制作香肠过程中，不同的组分如腿肉、边肉和肩肉等绞碎后混合产生新的批次，新批次的肉生产不同类型的香肠。每种肉组织按一定比例混合，生产香肠的终产品。在一天的生产中，工厂会接收不同批次的原材料，所以会产生许多的原料批次和终产品批次。

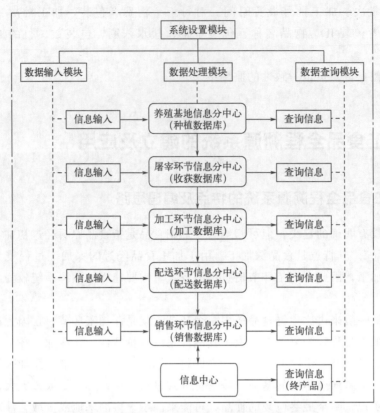

图 6-29 动物加工食品溯源信息系统操作层构架

——— 设置；- - - - - 调用；——→ 数据流

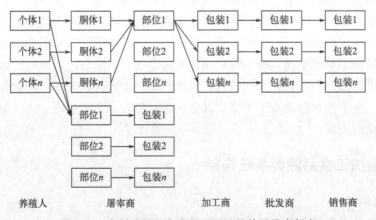

图 6-30 肉制品的基本流程、可记录单元及责任者

6.3.3 动物加工食品溯源系统案例分析

6.3.3.1 鱼肉香肠溯源系统

（1）开发商

日本食品产业中心。

（2）参与者

食品加工者、批发者和零售者。

（3）系统框架和特征

1）建设背景

加工食品种类各种各样，加工商多种多样。必须建立一种追踪系统，向不同的环节、同一环节不同责任者提供传递信息的途径和方法。基本原则是每一个环节（原料生产、加工、分销和零售）负责本环节的信息储存和管理，需要利用二维码作为标识进行信息储存和传递。

2）系统情况

该系统利用二维码实现传统加工过程中原料信息以及 HACCP 记录向下一个环节的无缝链接，以实现完整历史信息的处理和管理。二维码能实现原料信息和生产信息的简便转换，同时该系统不需要一维条形码和数字码进行读写。产品拥有者利用二维码可了解前一环节的历史信息，如接收原料到运输产品到市场的历史信息。二维码储存的信息通过任何地方的读写器读写。

3）系统特征

该系统实现从原料到产品运输信息的中心管理，可防止操作的失误，且在需要信息时实现快速提取。如果零售商店在橱窗、显示器显示二维码标签，消费者不需要互联网就可查阅部分产品信息。

4）系统组成

该系统包括二维码标签和手提式终端，实现数据输入、数据输出、二维码阅读。

（4）数据记录

生产环节：原料信息、原料接收信息、原料投入、CCP 管理信息、生产信息、产品包装日期、运输日期。

分销环节：运输进入信息（产品名称、批次号码、接收时间）和运输输出信息（产品名称、批次号码、运输目的地、运输时间）。

零售环节：运输进入信息（产品名称、批次号码、供应商）。

（5）产品与信息流

在生产环节，接收的原料根据生产计划分成若干单元，每个单元加贴二维码，在每个单元混合时，阅读二维码信息加入混合过程记录。不同单元原料混合以批次记录，由于原料还要经过几个加工过程，终产品不以批次标记，加工过程以时间标记。

（6）工作程序

日本食品产业中心：研发计算机系统并负责各个环节的测试。

鱼肉香肠企业：协助研发系统、安装硬件、协助进行生产环节的测试。

批发商：协助进行批发环节的测试。

零售商：协助进行零售环节的测试。

6.3.3.2　鸡肉及鸡肉产品溯源系统

（1）开发商

日本冷冻食品检验公司。

（2）合作单位

合作社协会联盟、You 合作社联盟。

（3）参与者

原料站：Jumonji Ninohe 食品。

加工站：Seya 工厂、食品合作社。

批发中心：Seya 中心、食品合作社。

零售店：Higashitotsuks 商店、Kanagawa 合作社。

（4）系统框架

在各个环节利用手提式终端（PDA 或手提电脑）进行数据输入，加入防止改变不可信数据的功能。

输入产品信息关联数据，利用数据和符号标识码储存数据于数据库中。

数据通过互联网实现实时传输。

消费者需要的数据库数据可通过商店的显示屏或网页获得。

（5）系统特点

该系统可在小企业中应用，成本低，不需计算机专家操作，信息维护简便。

系统可靠性高、安全。

利用数据库不但存储原料、制作、批发等数据，还可存储第三方监测数据。

为消费者提供实时信息。

（6）系统主要装置

① 包括系统管理服务器，安装在合作社协会联盟、You 合作社联盟。

② 信息输入终端或 PDA，在原料站、加工站和商店中使用。

③ 手提电脑，在原料站、加工站和商店中使用。

④ 触摸显示屏，安装在商店。

（7）信息传输方法

利用标识码和 PDA、手提电脑通过互联网向服务器传输数据。

（8）批号设计

在原料站，来源同一种饲料、同一饲养场、同一品种的鸡肉，按屠宰时间上午、下午和午夜设批号。在加工站和批发中心，用如图 6-31 的编码。

<pre>
2024   08   12   00   A   B   C
 年   月   日 时间 种类 鸡肉加工站编号 批发中心编号
</pre>

图 6-31　鸡肉及鸡肉产品溯源系统中加工站和批发中心的编码

（9）产品与信息流

产品信息用标识码标记，利用 PDA 或电脑输入数据，系统管理员进行信息管理和维护，第三方进行系统可靠性检测。

鸡肉可追溯监管平台的基本框架见图 6-32。

（10）工作流程

在屠宰站，记录和提供原料接收数据和操作数据、活禽检疫数据、屠宰过程管理数据、产品检验数据、运输数据。

在加工站，记录和提供原料接收数据和管理数据、加工过程管理数据、产品检验数据、运输数据。

在批发站，提供储藏管理数据、运输数据。

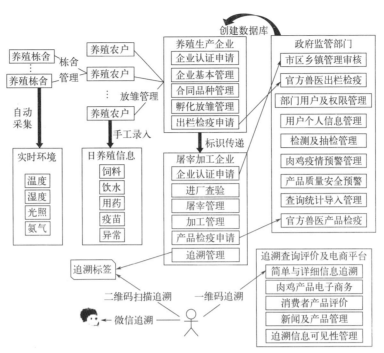

图 6-32　鸡肉可追溯监管平台的基本框架

在零售站，记录和提供商店管理数据。

6.3.4　植物加工食品溯源系统构架

（1）系统构架

生鲜蔬果溯源信息系统操作层构架见图 6-33。

（2）生产基本流程及可记录单元

种植→采收→分选→加工（压榨、腌制等）→运输→销售六个主要环节。以果汁为例，其可记录单元见图 6-34。

6.3.5　植物加工食品溯源系统案例分析

6.3.5.1　白茶以行业协会为组织的农产品追溯体系——以靖安白茶为例

从溯源系统建立和应用推广的角度出发，基于信息技术、数据库技术等，设计以行业协会为组织的农产品追溯体系。该体系在研究农产品质量信息收集、管理等关键技术的基础上，设计出以农产品生产管理系统为数据采集端，数据中心为数据管理端，利用多种溯源终端进行查询的质量安全追溯体系，并以行业协会组织推广应用，实现了农产品生产流通中的质量安全信息的追踪和溯源。在靖安县区域内，白茶溯源中的责任主体是企业，各个企业间的茶树种植过程、茶叶加工流程基本相同，白茶生产企业均视为同一种性质的企业，因此可以采用同种溯源系统的组织方式。对区域内同类型白茶生产企业，其信息收集的方式都是相同的。其过程就是在农产品流通的过程中，记录下各生产环节投入品与产品批次之间的对应关系；在由产品批次形成的产品编号与生产环节投入品对应关系的支持下，通过产品编号，

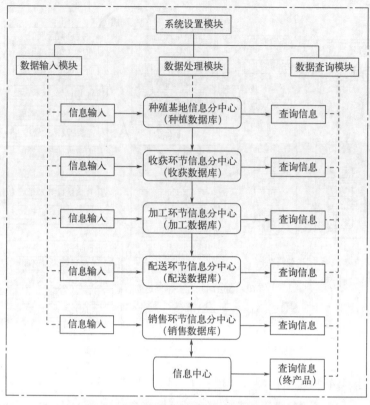

图 6-33   生鲜蔬果溯源信息系统操作层构架

——— 设置；----- 调用； ——→ 数据流

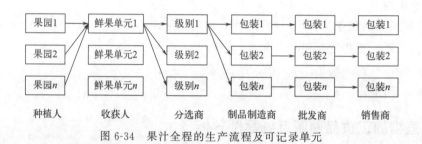

图 6-34   果汁全程的生产流程及可记录单元

追溯农产品流通的各环节。以这种统一的数据组织方式，可以还原农产品复杂的形成过程。溯源体系结构如图 6-35 所示。

（1）质量安全数据采集与存储

靖安白茶溯源系统为企业建立了白茶生产管理信息系统，通过生产管理信息系统，茶叶生产企业记录所有生产相关的数据，其中包含了该文进行白茶质量安全的溯源信息。在生产管理信息系统后台，系统将质量安全信息自动上传至溯源系统的数据库中心。在生产过程中，白茶生产管理信息系统要求白茶生产企业每天按规定的文件格式记录茶叶采摘当天生产、加工质量安全等信息，在一天的工作完成后，各企业数据库管理员及时将其生产信息录入白茶生产管理信息系统，白茶生产管理信息系统自动上传至中央数据库，形成白茶行业内的农产品质量溯源数据库，通过产品编号可以实现农产品在所辖区域的溯源；数据库中心每

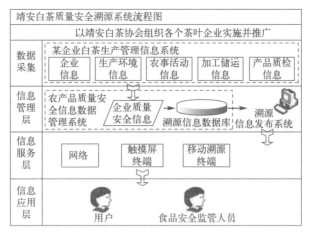

图 6-35 溯源体系结构

天接受各企业上报的涉及白茶质量安全的信息，并将信息进行网络发布。

农产品溯源数据库存储各个企业产品详细信息，是农产品溯源系统的核心。数据库的核心实体为企业、地块、产品溯源码。企业表中记录关联了企业组织结构代码、名称、法人、电话、公司商标、公司简介等信息。地块表记录关联了白茶种植地块的编号、位置、种植品种、种植年限、农事活动（施肥、除草等）以及土壤、水、空气等环境质量信息等。产品溯源码记录关联了白茶加工的各个工序采用的器械、投入品、白茶成品质检信息等。

（2）靖安白茶溯源系统设计

茶叶生产信息管理系统用于茶叶质量安全信息的采集，实现了白茶生长环境信息、生产环境信息、茶园农事活动信息、茶叶生产过程等质量关键点信息的网络化存储，并将数据上传至溯源数据中心。系统为茶叶生产加工企业规范化管理提供软件支持，也为茶叶质量安全的全程追溯提供数据基础。负责数据采集的靖安白茶生产管理信息系统结构如图 6-36 所示。

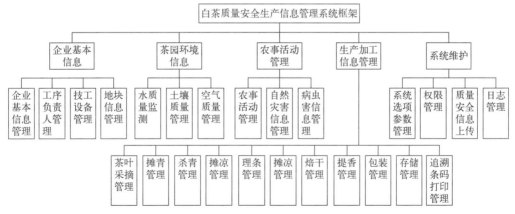

图 6-36 靖安白茶生产管理信息系统

靖安白茶溯源系统意图在茶叶行业建立一个多平台的茶叶质量溯源数据中心。消费者可以通过各种查询终端，在数据中心的支持下，实现所购买农产品的溯源查询，从而了解更多有关产品的质量安全信息。

靖安白茶溯源查询系统为消费者或者食品安全监管人员提供溯源查询、信息发布、对外宣传的交互平台。系统包括实时在线的 internet 网站、触摸屏查询系统和异步更新的移动溯源查询终端。用户在上述查询终端输入茶叶产品编号后，访问在线溯源中心数据库或本地溯源数据库，系统能够显示该茶叶的质量安全信息和生产企业的信息。当茶叶产品出现食品安全问题时，食品安全监管人员在溯源系统的支持下，实现产品的追溯与召回，并且直接追究到责任企业和责任人。

6.3.5.2　基于 RFID 和移动计算技术的白酒产品溯源系统

在白酒产品信息溯源系统中使用 RFID 和移动计算技术，可以保障白酒在原材料采集、生产、窖藏、运输、销售等各个环节白酒产品的安全性和真实性。实现了从源头追踪、假酒告警等各种服务，完成了白酒产品全过程的溯源信息管理，同时为提供对用户的个性化产品服务奠定基础。创新性地将 RFID 和移动计算技术融合在一起，攻克了产品防伪、溯源信息查询和假酒告警等重大难题。

（1）系统结构

白酒产品溯源管理系统主要包含了 RFID 读写设备、移动智能终端、核心服务器。其中 RFID 读写设备负责 RFID 电子标签的溯源信息写入和读取；移动智能终端负责生产销售管理，特别是对假酒进行监控；核心服务器主要负责与 RFID 读写设备以及移动智能终端进行通信，同时对溯源信息进行处理，对用户和设备进行管理。白酒溯源系统提供全过程的溯源监控管理。

基于 RFID 和移动计算技术的白酒产品溯源系统结构见图 6-37。

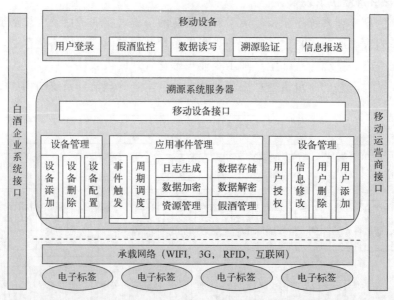

图 6-37　基于 RFID 和移动计算技术的白酒产品溯源系统结构

（2）系统功能

白酒产品信息溯源系统由溯源信息管理中心、原材料采集子系统、生产子系统、窖藏子系统、运输子系统、销售子系统、销售者信息查询子系统、企业生产销售管理子系统组成。溯源信息管理中心存储白酒产品从原材料采集到白酒销售等各个环节的溯源信息数据，同时负责数据的传递以及处理。一方面，溯源信息管理中心负责接收并处理来自原材料采集子系统、生产子系统、窖藏子系统、运输子系统、销售子系统的各种数据；另一方面，溯源信息管理中心为销售者信息查询子系统和企业生产销售管理子系统提供产品溯源信息以及生产销售信息。

为了实现信息获取的安全性，首先是保障数据的安全性，采用 DES 加密算法对标签中的数据进行加密，在读取时进行解密；同时对使用者进行认证，对发放的 RFID 移动读取设备进行认证，从而保障信息的安全性。其次是保障标签的安全性，采用 RFID 电子标签对溯源信息进行记录，将 RFID 电子标签集成到酒瓶盖中，当酒瓶盖被开启时，RFID 电子标签会被破坏，从而防止了电子标签的再次被使用。

溯源信息写入：白酒制造商负责将白酒的原材料信息、生产信息、窖藏信息写入到 RFID 电子标签中；物流商负责将产品的仓储信息、运输信息写入；销售商负责将产品的销售信息以及客户信息录入。

溯源信息的验证：客户可以通过无线终端获取更详细的产品信息和防伪验证信息。当验证为假酒时，发出假酒告警。

生产/销售管理：企业管理人员可以通过智能终端及时了解产品的生产/销售信息，同时处理假酒告警事件。

移动终端管理：企业管理员可以对防伪验证的移动终端进行管理，只有通过企业授权的移动终端才可以对白酒溯源信息进行获取和验证。

用户管理：对生产人员、物流商和销售商进行管理，只有通过企业认证的物流商和销售商才能进行溯源信息的录入和读取。

客户管理：通过对客户买酒，了解客户的饮酒习惯，从而为对客户个性化的服务奠定基础，进一步完成对客户的信息推送功能。

（3）溯源过程

在白酒的原材料采集过程中，首先将白酒的原材料信息写入到 RFID 电子标签中并记录到数据库中；在白酒产品的生产过程中，将白酒产品的生产信息（生产日期、产品批号、产品类型等）等写入到 RFID 电子标签中；当产品用于窖藏时，记录产品的窖藏信息；在运输过程中，物流商同样对物流信息进行记录，将物流信息、仓储信息写入到 RFID 电子标签中；在销售时，销售商使用移动读写设备对白酒信息进行验证，用户也可以通过无线网络得到白酒的更多溯源信息，移动读写设备也可以将销售信息和用户信息传输到服务器中，完成消费的记录和用户信息的获取。同时在整个消费过程中，企业管理监督人员可以使用智能终端对消费记录进行查询，对假酒报警进行处理。

6.3.5.3　苹果-苹果汁质量安全可追溯系统

以陕西省特色农产品苹果及其加工品苹果汁为研究对象，以苹果的产地环境、苹果种植过程中所使用的投入品、生产过程、果实的采收到进入市场等环节为产品流向，利用编码技术、数据同步技术和多平台溯源技术构建了苹果及苹果汁质量安全追溯系统。

苹果-苹果汁质量安全溯源平台集成手机短信平台、网络平台和电话平台，消费者买到带有条码的苹果-苹果汁产品时，可以分别利用手机、计算机网络或者电话输入所购产品的溯源码，溯源平台便返回给消费者产品信息、产地环境信息、生产过程信息和加工过程信息等。

（1）系统结构

从苹果的产地环境、苹果种植过程中所使用的投入品、生产过程、果实的采收一直到进入市场等环节的信息都形成档案准确地录入苹果-苹果加工品安全溯源系统中心数据库并保存一段时间。每件最终产品都有一个自己的身份证号——通过一定的编码规则编制的溯源码。在产品包装时，溯源码以条码的形式印在包装上。产品进入市场的同时，在追溯中心数据库中已经形成完整的档案数据。

苹果-苹果汁质量安全可追溯系统框架见图 6-38。

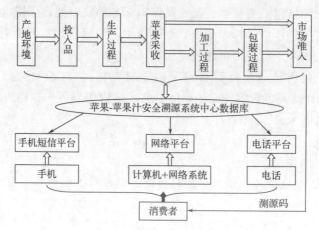

图 6-38　苹果-苹果汁质量安全可追溯系统框架

（2）编码技术

直接上市产品的编码：溯源码不同于商品标识码，但又源于商品标识码。根据苹果的生产特点，对直接上市的苹果确定从苹果的产地、种类、品种、等级和包装等作为特征进行商品标识码的设计。确定了苹果商品标识码后，在此基础上采用 UCC/EAN-128 编码方式，对苹果溯源码进行编码，该溯源码采用商品标识码（14 位）＋生产日期（6 位）＋生产农户信息标识码（6 位）相结合的编码方案，如图 6-39 所示。

图 6-39　苹果-苹果汁质量安全
可追溯系统的编码方案

其中产品标识代码作为全球贸易项目代码，用（01）标识符标识；生产日期采用 YYM-MDD 的方式生成，一般以包装日期代替；生产农户信息标识码由农户编码（前 4 位）加农户地块编码（后 2 位）组成，其中农户编码和农户地块编码的编码标准由生产企业控制。溯源码作为产品信息的载体应具有唯一性，必须提供产品信息、产地信息和生产日期等，同时必须符合 EAN/UCC 编码规则和生成方法。

加工产品的编码：加工产品由于在加工过程中已经将单个的产品混合在一起，因此其与直接上市产品的编码方式存在着较大差异。只能采用原批号编码来区分加工产品的来源。原批号编码采用商品标识码（14 位）＋包装日期（6 位）＋原料批次号（8 位）相结合的编码方案。其中，商品标识码、包装日期编码方式与直接上市产品的编码方式一样；原料批次号由原料入场日期（6 位）加入场流水号组成，该批次号可以唯一地标识产品的来源，从同一个产品同一时间入场的原料默认为同一批，这样在产品追溯时可根据溯源码中的原料批次号追溯出产品的来源及产地情况。

（3）多平台追溯技术

系统提供手机短信、网站、电话和终端扫描等多种方式实现产品溯源，虽然平台不同，但平台之间的数据是同步更新的，因此消费者无论通过何种溯源平台，都可追溯出最新的产品信息。具体的追溯流程为：消费者通过不同平台输入产品溯源码，系统根据追溯查询信息表判断是否已经追溯过。若已经追溯，系统将已追溯的时间、IP 地址或手机号码返回给消费者；若没有，追溯系统将相关追溯信息返回给消费者。这样就有利于实现产品的防伪。多平台追溯流程参见图 6-40。

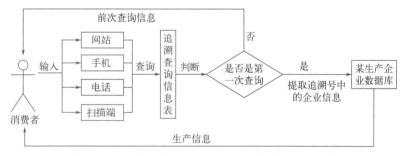

图 6-40　苹果-苹果汁质量安全可追溯系统追溯流程

6.3.5.4　粮油产品质量安全可追溯系统

系统功能包括基础信息管理、标准管理、生产管理、FMECA 模块、溯源管理等，不仅面向企业实现了产地、生产过程、运输以及销售等环节的质量安全信息管理，并以电话、网络和短信、超市触摸屏、移动溯源终端等多种方式向消费者、监管部门提供服务。该系统还实现了 200 余项粮油产品生产加工相关的国际、国家、行业标准的管理，对照这些标准，企业可规范生产过程、提高产品质量。

（1）系统构架

粮油产品质量安全可追溯系统共包含 4 个子系统：产地管理系统、生产管理系统、指标管理系统和溯源管理系统。其中，产地管理系统基于 China GAP 标准实现了产地环节的自然环境、投入品、生产环节信息的管理；生产管理系统涵盖了从原材料采购到终产品销售全过程的信息管理，是整个系统的基础；指标管理系统采用 FMECA 方法，针对粮油产品的特点，确定影响其质量安全的指标要素并对其进行管理；溯源管理系统提供多种服务接口面向用户提供相应的服务，是系统的展现层。

粮油产品质量安全可追溯系统结构见图 6-41。

（2）编码设计

产地编码：采用农业部 2007 年 12 月 1 日颁布实施的《农产品产地编码规则》（标准编号：NY/T 1430—2007）。粮油产品产地编码由 5 部分共 20 位数字组成，如图 6-42。

粮油产品质量安全追溯码：粮油产品质量安全追溯码是进行粮油产品质量安全追溯的唯一标识，通过该编码，结合粮油产品生产管理系统，能获知粮油产品生产加工过程的质量安全信息。粮油产品质量安全追溯码由企业标识码、商品项目代码、校验位、生产加工批次号、总体校验位 5 部分共 22 位组成，其编码结构如图 6-43 所示。其中企业标识码与商品项目代码、校验码共同组成全球贸易项目代码（GTIN），共 13 位，用（01）标识符标识；生产加工批次号共 8 位，用（10）标识符标识。

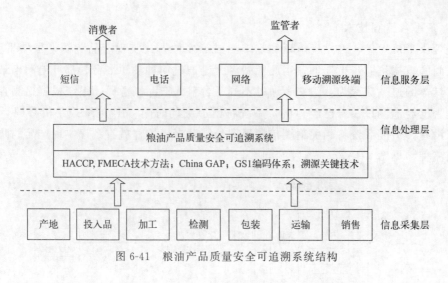

图 6-41　粮油产品质量安全可追溯系统结构

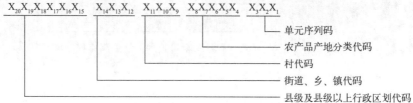

图 6-42　粮油产品质量安全可追溯系统产地编码结构

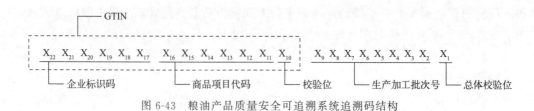

图 6-43　粮油产品质量安全可追溯系统追溯码结构

（3）多平台溯源技术

在粮油产品溯源子系统中，开发了多种服务接口，支持手机短信、电话、网站、超市触摸屏和移动溯源终端等多种方式实现粮油产品的溯源，其中手机短信、电话、网站、超市触摸屏是为消费者提供服务，监管部门可通过网站、超市触摸屏和移动溯源终端等方式对粮油产品质量安全进行监管。

（4）移动溯源终端

采用微电子技术，研发出基于通用无线分组业务的移动式溯源终端，由溯源主板和 GPRS 通信模板组成。溯源模板是移动溯源终端的核心硬件，采取总线式结构，将随机存储 RAM、LCD 显示屏接口、GPRS 接口、USB 总线接口以及扫描枪接口等集成为一体。

 思考练习

1. 生鲜食品及加工食品全程溯源系统的特点分别是什么？

请扫二维码
查询参考答案

2. 画图并简述生鲜蔬果溯源信息系统操作层构架。

3. 画图并简述动物加工食品溯源信息系统操作层构架。

4. 根据本章学习内容，选择一个具体的生鲜或加工食品，简要设计该食品的全程溯源系统框架。

参考文献

[1] 桑力青，徐冰洁，杨晨曦，刘臻. 近红外光谱技术在食品和农产品领域中的应用[J]. 食品安全导刊，2023（03）：127-129.

[2] 白春艳，刘石鑫，樊志鹏，张焱，杨晋宇，康玮峰. 食品溯源体系建立的必要性与可行性分析[J]. 现代农业科技，2022（21）：191-193.

[3] 张玉英，周顺骥. "一品一码"全程追溯 食品安全"码"上治理[J]. 福建市场监督管理，2022（03）：15-16.

[4] 王倩，李政，赵姗姗，郄梦洁，张九凯，王明林，郭军，赵燕. 稳定同位素技术在肉羊产地溯源中的应用[J]. 中国农业科学，2021，54（02）：392-399.

[5] 赵姗姗，谢立娜，郄梦洁，赵燕. 稳定同位素技术在牛奶及奶制品溯源应用中的研究进展[J]. 同位素，2020，33（05）：263-272.

[6] 孟猛，孙继华，邓志声. 基于二维码技术的热带水果质量安全追溯系统设计与实现[J]. 包装工程，2014，35（5）：8.

[7] 韩志慧，李海燕，辛永波. 天津市蔬菜质量安全追溯系统建立[J]. 食品研究与开发，2013（5）：115-117.

[8] 邓勋飞，黄晓华，任周桥，郑素英，吕晓男. 基于地理编码的生鲜蔬菜安全生产与溯源技术[J]. 浙江农业学报，2012，24（1）：120-124.

[9] 徐龙琴. 基于Web的亚热带水果产品质量安全追溯系统关键技术研究[J]. 计算机工程与设计，2011，32（4）：5.

[10] 陆昌华，王立方，谢菊芳，等. 工厂化猪肉安全生产溯源数字系统的设计[J]. 江苏农业学报，2004，20（4）：5.

[11] 练宇婷，伍雯静，陈乐如，等. 基于射频识别技术的猪肉质量安全溯源系统设计[J]. 食品安全导刊，2022（7）：5.

[12] 雷兴刚，周铝，曹志勇，等. 基于有源RFID的猪场溯源管理系统[J]. 黑龙江畜牧兽医，2023（1）：5.

[13] 丁同，王仲根，汪强，唐晓菀. 基于物联网及DNA识别技术的牛肉溯源系统的研究. 物联网技术，2017，7（1）：3.

[14] 李世娟，诸叶平，鄂越，等. 蜂产品质量安全现状与全程追溯系统构建[C].2008.

[15] 陈献稿，宋大烨，胡迪，等. 中华鳖食品安全溯源管理系统初步研究[J]. 浙江农业科学，2010（3）：4.

[16] 严志雁. 以行业协会为组织的农产品追溯体系——以靖安白茶为例[J]. 安徽农业科学，2011，39（36）：2.

[17] 王红熳，刘波，葛懿，等. 基于RFID和移动计算技术的白酒产品溯源系统设计[J]. 软件，2012，33（1）：5.

[18] 蒲应，王应宽，岳田利，等. 苹果-苹果汁质量安全可追溯系统构建[C].2008.

[19] 郑火国，刘世洪，孟泓，等. 粮油产品质量安全可追溯系统构建[J]. 中国农业科学，2009，042（009）：3243-3249.